U0581791

曲家琰 ◎ 著

做一个情商高
会理财的
幸福女人

北方联合出版传媒（集团）股份有限公司

万卷出版公司

图书在版编目（CIP）数据

做一个情商高　会理财的幸福女人／曲家琰著．——
沈阳：万卷出版公司，2021.11
ISBN 978-7-5470-5723-0

Ⅰ．①做…　Ⅱ．①曲…　Ⅲ．①女性－情商－通俗读物
②女性－财务管理－通俗读物　Ⅳ．① B842.6-49
② TS976.15-49

中国版本图书馆 CIP 数据核字 (2021) 第 170419 号

出 品 人：王维良
出版发行：北方联合出版传媒（集团）股份有限公司
　　　　　万卷出版公司
　　　　　（地址：沈阳市和平区十一纬路 25 号　邮编：110003）
印 刷 者：永清县晔盛亚胶印有限公司
经 销 者：全国新书华店
幅面尺寸：145mm×210mm
字　　数：120 千字
印　　张：7
出版时间：2021 年 11 月第 1 版
印刷时间：2021 年 11 月第 1 次印刷
责任编辑：范　娇
责任校对：张兰华
ISBN 978-7-5470-5723-0
定　　价：38.00 元
联系电话：024-23284442

常年法律顾问：王　伟　版权所有　侵权必究　举报电话：024-23284090
如有印装质量问题，请与印刷厂联系。联系电话：13683640646

前　言

　　俗话说，钱是挣出来的，不是省出来的。但是最新的观念是：钱是挣出来的，更是理出来的。尤其是现代社会，你是一个美女、才女还远远不够，想做一个独立自主的幸福女人，你还得是一个情商高、会理财的女人。

　　也许女人获取幸福的方法有很多，比如练练瑜伽、听听音乐会、外出旅行、享用美食、参加文化艺术沙龙，等等。但是无论哪一种方法，显然都离不开经济的支持，尤其是在当今这个社会。

　　因此，女人一定要有钱，要会理财。只有掌握了理财技巧，才能提升自己的生活水准，才能让自己的生活更滋润；只有掌握了理财知识，才能让自己变得更富有；只有提升了理财能力，你的人生才能由自己掌控，你才能成为自由、独立、幸福的女人。

　　理财是一门高深的学问，你只有学好这门高深的学问，你才能赚到钱，你才会得到你想要的一切。有的女性朋友说，这个真的很难。其实你只要在日常生活中动点脑筋，花点心思，遵循一些必要的常识和基本的规则，你就能成为一名理财高手。

　　当然，理财并不仅仅是赚钱，生财更是要合理运用自己的钱财，在对自己的收入、资产等一些数据进行分析整理的基础上，再根据个人对风险的认知和承受力，选择适合自己的理财"工具"，让自己赚取更多的财富。

　　女人有"财"更精彩，女人有"财"更幸福。幸福"财女"不仅要懂得赚钱，更要学会理财和投资，懂得为自己的幸福做出"一生富裕"的计划。为此，本书从女人为什么理财、如何理财，从储蓄、保险、信用卡、基金、股票、房产、黄金、债券等方面，结合最实用的理财理念，生动有趣的理财案例，深入浅出地阐明各种理财技巧。

　　如果你想成为一个名副其实的"财"女，那就不要只做"发财梦"了，从现在开始拿起理财的武器，通过对收入、消费、储蓄、投资的学习和掌握，科学合理地安排自己的收入与支出，从而实现财富的快速积累，为你以后轻松、自在、无忧的人生打下坚实的基础，早日让你的生活变得更富裕、更独立，也更幸福。

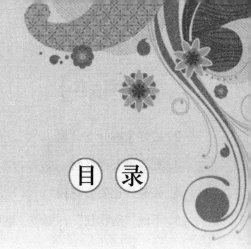

目 录

第五章　投资债券，让你风险无忧

第六章　养支好基金，胜过十个好男人

第七章　股海操盘，做个会炒股的女人

第一章
管好财富，
做一个高情商的"财女"

俗话说：吃不穷，穿不穷，算计不到一世穷。作为女人，不管是有钱还是没钱，都应该有一个经济计划，这样才能更好地管理自己的财富。

1. 做个高财商的女人

"财商"是造成贫富差距的原因。低财商的女人之所以在经济上贫困，是因为她们不知道怎样去做，甚至不知道如何去开始积累财富。

不少人将致富的原因直接归于他们生来富有，他们创业成功，他们比别人聪明，他们比别人努力，或是他们比别人幸运。但是，家世、创业、聪明、努力与运气，并无法解释所有致富的原因，我们可以看到，许多成功者并非出生在有钱人家，也不是什么大生意人，人也不见得很聪明，并没有受过什么高等教育，他们唯一比你强的，似乎只是他很有钱。

一次调查结果表明：贫富差距拉大的主要原因是由于"炒作股票或房地产"；其次是"个人的工作能力与努力"；最后是"家庭原因"。但是这些都是表面现象。人们习惯于将贫穷的原因归咎于外在的因素，如制度、运气、机会等，或者用负面的说辞为自己的无所作为开脱。他们认为，有钱的人大多是因为投资房地产或股票而致富，而造成财富增加的主因是"拥有适当的投资"。

那么，为什么他们拥有资金来投资房地产和股票，他们又是如何操作使自己能够不断赚钱的？到底那些富人拥有什么特殊技能，是那些天天省吃俭用、日日勤奋工作的上班族所欠缺的呢？

他们何以能在一生中累积如此巨大的财富呢?

所有这些问题都不是用家世、创业、职业、学历、智商与努力程度等因素能解释得了的。专家们经过观察、归纳与研究,终于发现一个被众人所忽略但却极为重要的原因,那就是财商问题。每个人财商的高低是能否成功致富的关键所在。

每个人都有一个成功的梦想、一个财富的梦想。在市场经济社会里,金钱在某种意义上是成功的一种体现,财富也自然成为衡量成功的一个标尺。

不同的人有不同追逐财富的方式,那么,如何衡量一个人的理财能力呢?财商包括两方面的能力:一是正确认识金钱及金钱规律的能力;二是正确使用金钱及金钱规律的能力。财商不仅是人们现实生活中唯一能健康发展的智能,而且是人为观念和智能中的一种,当然是非常重要的一种。财商常常被人们急需,也被忽略。财商不是孤立的,而是与人的其他智慧和能力密切相关的。

制订理财计划是一个人财商意识的体现,只有制订了家庭理财计划,你才能够开始有积累财富的目标和动力。而制订合理的家庭理财计划,一般要经过以下几个步骤:

(1)分析家庭的收入来源

我们每个家庭都会有一些固定的经济来源,但同时也会有一些其他方面的收入。首先要对自己的家庭收入来源有一个正确的认识,在家庭收入来源中哪些是固定的收入,哪些是偶尔的收入?

(2)分析家庭的消费状况

你每个月要花费多少钱?一年的花费总额是多少?如果你有

一个小本子，记录了每天的消费情况，并精确到角、分的程度，那就说明你已经在通往百万富翁的道路上迈步了。这说明你愿意花时间计算自己的费用支出，并将因此而更了解自己，知道钱都用到什么地方去了。

更重要的是，记账会使自己在花费方面更加小心谨慎。如果你坚持了两个月之久，那么，就可以建立自己家庭支出一览表。在这个表格上填明，哪些是必需的消费。例如，水、电、电话、食品、交通费用等，这些属于满足基本生活所必需的东西，是不能够减少的。还要区分哪些是可消费可不消费的东西。例如，每个月一次音乐会、一次朋友在饭店的聚会和心血来潮时的购买，将这笔支出也记录下来。两种类型的消费区别开后，你就可以知道自己最多一个月能够省下多少钱。你的家庭理财计划将以这个数据为准。

（3）制定理财目标

理财目标应本着这样的原则：既不会因为节约而降低你目前的生活水准，也不会将应该省下来的钱花在不知道的地方。制定理财目标必须是合理的，否则将影响你的生活，从而使理财失去意义。

家庭理财的首要问题是制订理财计划。只有合理地安排理财目标，才能做到心中有数。高财商者具有以下几方面特征：

（1）在经济上独立自主，却采取一种舒适但不奢侈的生活方式。

（2）拥有自己的住宅，但几乎没有欠债。

（3）大多是白手起家的百万富翁，具有承担风险的精神，即使前方困难重重，艰难不断，他们都能继续奋斗下去。

（4）不是工作狂，有充裕的时间与朋友和家人在一起。

（5）热爱自己的工作，有积极的态度和十足的信心。

（6）工作时十分专注、集中精力，用自己最大的努力获取最大的回报。

（7）不随大流，无论是做什么生意，投资什么，他们都用自己的大脑分析和判断。

一言以蔽之，财商就是"80%的情商+20%的财务技术信息"。财商与情商紧密相连，大多数遭受财务痛苦的人是因为他们的情感控制着他们的思想。

2. 新时代女性的理财之道

随着社会的发展、经济的发展，以及家庭收入的逐渐增加，女性在家庭理财中的地位越来越高，又由于女性天生的敏感、细腻、执着等特征，女人在理财领域更具有优势。但对很多女性来说，她们还没有明确理财的意义，她们对理财的认识依然停留在省钱、储蓄意识上，缺乏必要的理财知识。

新时代的女性不仅要追求高质量的生活享受，同时也要掌握理财的规则，这样你的生活才会在高质量享受的基础上更加富有。

如今很多女性在理财的时候容易产生没自信的感觉。每天看着这些数字的不断跳动，感觉很复杂，以自己的能力很难应对。

其实我们仔细想一想，做任何事情都不是轻而易举就能完成的，就仿佛你的工作，难道在你刚刚开始一项新的工作的时候，你对它就是完全了解的吗？答案一定是否定的。可是即使你不完全了解，因为各方面的原因，你依然要坚强面对。理财也是一样，他并不像你想象的那样困难，只要你懂得坚持，并不断学习，那么，一定会收获颇非。

在闲暇时，你不妨和你的爱人一起谈论一下这些问题：

（1）你们有多少财产？

（2）你们有哪些负债？

（3）你们有哪些投资？

（4）在面对经济方面的危机时，你们能否从容面对？

不要轻视这些简单的问题，如果你们能妥当地回答这些问题，并把这些问题处理好，那么它能帮助你打开财务状况的大门，迈开理财长征的第一步。当你再做以后的事情时，你会发现，许多理财问题在你这里都会迎刃而解。

也有很多女性对金钱存在认知上的错误，认为女人挣得多不如找个好老公。其实这也是一种错误理解。

在知识经济的时代，女人能顶半边天，所以女性应该懂得不断地提高自身来创造财富。不要总是抱着错误的观点，认为找个有钱的老公就万事大吉。像《红楼梦》中塑造的典型形象——王熙凤，她就应该是现代女性的典范。

她可以说是一个具有高财商的女性。我们看王熙凤在当时找到了一个既有钱又有势的老公，家世又好，可谓令很多女性羡慕不已，但是王熙凤没有像很多女性想的那样，找个有钱老公万事大吉。相反地，她还是积极运营自己的事业，同时又兼顾自己的家庭，在贾府的众多女性中，她是最干练、最出类拔萃的女性，把家里的大小事情料理得井井有条，长辈、平辈的关系也都打理得井然有序，全家上下没有一个不服她的，就连宁国府办丧事也要请他去帮忙，从中我们可以看到她的本事是多么了不得。所以，新时代的女性应该效仿王熙凤这种在事业上干练，在家庭中出类拔萃的女性形象，切勿走上女人挣得多不如嫁得好的道路。女性要嫁个好老公，但同时也要积极地打造属于自己的财富之路。

　　那么，作为新时代的女性应该怎样打造自己的财富之路，合理理财呢？

　　首先，要根据自身的实际情况，为自己量身定做适合自己价值取向的目标，并把你的目标写下来，放在房间中最耀眼的地方，时刻提醒自己，以此坚定自己实现目标的信念。鲁迅先生曾经有一次因为迟到而遭到先生的批评，于是他就在课桌上刻了一个"早"字，每天用这个"早"字要求自己，提醒自己，所以在他以后的上课中没有迟到过一次。至今三味书屋中的课桌上仍然保留着这个"早"字，这是鲁迅先生在上学时为自己制定的一个目标。

　　根据自身实际情况制定切实可行的目标有利于激发自己，使自己在规定的时间内完成。我们看两个公司之间签订协议时都会把所有事项白纸黑字地在上面写清楚，这一方面是具有法律效力，而另一方面也是通过这个协议来时刻提醒自己，激励自己，采取行动去实现。

　　所以说，聪明的女人在理财时首先要把你的目标写下来，推动自己向目标进军。

其次，要走出保守方式。

大多数女性固有的理财方式就是把钱存到银行，认为这是最保险、最安全的理财方式，这就把女性心思细腻的本性表现出来了。但是女性理财不要仅仅着眼于眼前的小本小利，更要有长远理财计划，尝试新的理财方式。

因此，女性朋友在闲暇时应多学一些理财方面的知识，了解理财的重要性，弄清理财的真正含义，然后选择多种理财方式，进行理财组合，把风险系数降到最低，从而提高收益。

每个人都有一个成功的梦想、一个财富的梦想。在市场经济社会中，金钱从某种意义上说是成功的体现，那么财富也自然成为一个人追求成功的资本。

女性作为家庭中的半边天，只有肩负好自己的理财职能，才能让你的财富和你家庭中的财富不断增多，千万不要抱怨没有时间、没有精力，因为时间和精力就像海绵中的水，只要挤，总会有的。相反，如果你总是以此作为懒于理财的借口，那么你的人生将终身贫困。

3. 根据自己的年龄段制订理财计划

不管你是已婚还是未婚，作为一个女性，理财都是必须具备的技能。如果你已婚，这可以令你的家庭生活更加有保障；如果你未婚，这可以令你的单身生活不必"月光光"。

现今，女性朋友们在生活上面临经济安全的挑战愈来愈多，不论是单身贵族或是双薪小家庭，或者是因为离异需负担家庭生计的单亲妈妈或丧偶被迫自己独立照顾家庭的女性，在不同的情境下所面对的挑战都不相同，在财务上的需求亦不同，所适合的理财心态与模式更不相同。根据最近美国美林投资机构相关的统计显示，离婚妇女在离婚后生活水准普遍大幅下降85%，而寡妇生活状况不及其丈夫在世时生活水准，甚至陷于贫困，相信在中国这样的情况应该是蛮普遍的，对许多女性而言，较少的工作收入、较少的退休保障、比较保守的投资模式，都增加潜在财务危机的可能性。

认清自己真正的财务需求是掌控自己下半辈子生活水准的最高指导原则，女性朋友们在每一个阶段的财务需求都会不一样。

（1）20—25岁：初涉职场的"月光族"

这一阶段的女性大多还处于单身或准备成立新家阶段，相当一部分的女性没有太多的储蓄观念，自信、率性，"拼命地赚钱，潇洒地花钱"是其座右铭，因此，"月光女神"随处可见。

理财建议：定期、定投，赚个"金鸡母"。

刚刚步入职场的年轻女孩子投入较低，但花费却不低。因此，不妨选择按期定额缴款的理财产品如基金定期定额计划刺激一下，收紧钱袋子。打个比方，如果每月定期定额投资1000元在年利率2%的投资项目（按复利计算）上，10年下来可累计约13万余元；若每月定期定额投资1000元在年利率10%的投资项目（按复利计算）上，10年下来可累计约20万余元，后者约为前者的1.5倍。银行定存年收益率近2%，但从数据可见，银行定存的利率偏低、增长有限；考虑到股市长期向好的趋势，开放式基金的年收益率应该优于定存，因而在低利率时代女性还是可以找到会赚钱的"金鸡母"的。

（2）26—30岁：初为人妇的"巧妇人"

刚刚步入二人世界的女性，为爱筑巢，随着家庭收入及成员的增加开始思考生活的规划，因此大多数女性开始在消费习惯上发生巨变，"月光族"的不良习惯开始"摒弃"，投资策略也由激进变为"攻守兼备"。

理财建议：增加寿险保额投资激进型基金。

一个家庭的支出远大于单身贵族的消费，所以，女性要未雨绸缪，提早规划才能保持收支平衡，保证生活的高质量。这个时期购置房产是新婚夫妇最大的负担，随着家庭成员的增加应适当增加寿险保额。在此时夫妻双方收入也逐渐趋于稳定，因此，建议选择投资中高收益的基金，如投资于行业基金搭配稳健成长的平衡型基金。

（3）30—35岁：初为人母的"半边天"

这一阶段的女性都较为忙碌，兼顾工作和照顾孩子、老人、丈夫的多重责任，承受着较重的经济压力和精神压力。这一阶段的女性，在收支控制上已经比较能够收放自如，比较善于持家，但还缺乏一些综合的理财经验。

理财建议：筹措教育金购买女性险。

家庭中一旦有新成员加入，就要重新审视家庭财务构成了。除了原有的支出之外，孩子的养育、教育费用更是一笔庞大的支出。首先，在孩子一两岁时，便可开始购买教育险或定期定投的基金来筹措子女的教育经费，子女教育基金的投资期一般在15年以上。

（4）40—50岁：为退休后准备"养老金"

由忙转闲、准备退休阶段。这一阶段的女性，子女多已独立，忙碌了一辈子，投资策略转为保守，为退休养老筹措资金。

理财建议：风险管理最重要。

此时家庭的收入存在，但与前几个阶段不同的是，"风险"管理此时成为第一要务。由于女性生理的特点，在步入中年，甚至更早的年龄阶段，妇科疾病就陆续找上门来，有针对性的女性医疗保险必不可少。

另外，在投资标的选择上必须以低风险的基金产品为主要考虑对象。建议中高龄人士这个时期的投资则要首先考虑稳妥，理财产品应选择那些货币基金、国债、人民币理财产品、外币理财产品等。

女性天生心细，这让她们在理财方面有着与生俱来的"驾驭感"，成为不少家庭的钱袋子。但是，女性难以捉摸的感性也难免会让其在理财上优柔寡断，错过难得的"敛财"机会。所以，女性朋友们在理财上要避免盲从，首先辨认自己身处在哪一个人生阶段，然后根据自己所处的不同年龄段，结合自己的风险偏好、风险承受能力、收入、家庭情况等，兼顾收益与风险来构建一个高效的投资组合，以此获得稳定收益。

4. 精心理财，大胆尝试

装满钱的钱包令人满足，但只满足了一个吝啬守财的灵魂，此外别无意义。我们从所得当中存下来的钱，只不过是个开始罢了。用这些储金所赚回来的钱，才能建立我们的财富。

因此，我们如何运作这些储蓄呢？

阿花第一桩有获利性的投资，是把钱借给一个名叫加尔的商人，她每一年都购买好几船从海外运来的铜，然后进行买卖。由于缺乏足够的资金购买这些铜，加尔向那些有余钱的人赊借。她是个老实人，在她卖掉铜货之后，凡她所借的最后必定偿还，且支付利息。

每次阿花借钱给加尔，同时收回利息。因此，不只她的资本增加了，这笔资本所赚的利息也不断累积。最令她高兴的是，这笔钱最后又回到了她的口袋。

一个人的财富不在于她钱包里的钱有多少，而在于她所累积的收入、源源不绝流入口袋的财源，并能常保口袋饱满。这是我们每个人都渴望的：无论你工作或去旅行，你的口袋都不断有进账。

阿花已经得到了大笔的所得，大到阿花已被称为富翁。她借钱给加尔，是她第一次从事有获利性的投资。从这次经验中获得智慧后，随着资金的增加，她借出去的钱数和投资愈益扩大。起初只借给一些人，后来借给许多人，这样明智的理财，使钱源源不绝流入她的口袋。

要想获得财富，不妨丢弃现实利益，以图长远发展。那种急功近利，为了获得眼前利益而把长远利益放弃的做法其实是最愚蠢的。胆小心细的女人，在投资上求稳是无可非议的，这里推荐十种比较安全的投资理财的方式供你选择。

（1）储蓄

银行储蓄方便、灵活、安全，可以被认为是只赚不赔的最稳健投资。因为国家经常根据经济发展状况合理调整储蓄存款利率，通货膨胀引起存款贬值的风险在当前良好的经济运行环境中概率几乎为零，加上这些年来储蓄品种增多，电脑和信用卡广泛运用，储蓄应是安全可靠又最方便易办的一种大众化投资方式。储蓄投资的最大弱势是收益较之其他投资渠道偏低，但对于侧重于安稳的家庭来说，保值目的基本实现。

（2）物业

购买房屋及土地等称为物业投资，国家已将物业作为一个新的经济增长点，又将物业交易费税有意调低并出台按揭贷款支持，这些都十分利于工薪家庭的物业投资。物业投资已逐渐成为一种低风险高升值的理财方式。购置物业，首先可用于消费，又可在市场行情看涨时出售而获得高回报。且投资物业不受通货膨胀的影响，今年的物业交易价格呈稳中有升的态势，前景十分乐观。只是投资物业变现时间较长、交易手续多、过程耗时损力，但这些相对于它的升值潜力来说微不足道。

（3）债券

债券投资，利息较高，收益稳定；但债券存在良莠不齐的情况，国债用国家信用做担保，受市场风险影响较少，但数量少，购买难度较大。除此之外的企业债券和可转换债券的安全性值得认真推敲，同时，投资债券需要的资金较多，由于投资期限较长，抗通货膨胀的能力差。

（4）字画

名人真迹字画，是家庭财富中最具潜力的增值品。把字画作为投资对象对于工薪家庭来说较难，只不过，有收藏字画爱好的工薪人士，用有限的资金选择一至两位较有名的自己喜欢的作品还能做到。但对中外古今的著名油画家、国画家、书法家的画作、墨宝，靠个人的能力投资很难，而且现在字画赝品越来越多，甚至于国外的几家大拍卖行都不敢保证中国字画的真实性，这又给字画投资者一个不可确定因素。

（5）古董

古代陶瓷、器皿、青铜铸具、景泰蓝以及古代家具、精致摆设乃至古代皇室用品、衣物都可称为古董。因其年代久远，日渐罕见，增值潜力极大，不过对于工薪家庭来说，需要具有这方面的一定研究方可选择此种投资方式。在各地古董市场上，古董赝品的比例高达70%以上，古董毕竟是所有投资方式中专业要求最高的，它对于大多数工薪家庭来说只是一个美好的幻想。

（6）邮票

邮票投资行为回报率较高，在收藏品种中，集邮普及率最高。从邮票交易发展看，每个市县都很可能成立至少一个交换、买卖场所，邮票变现性使其比古董字画更易于兑现获利，因此更具有保值增值特点；邮票年册的推出节省了家庭很多的投资时间，因而显得简便易行，家庭收藏年册的队伍在逐渐扩大，这也带来了近年邮票升值潜力的怀疑，但对于家庭成员的业余爱好，年册几百元的价格不高，加上邮票给家庭成员视觉上的高度愉悦感，邮票投资方式是一种非常不错的投资方式。

（7）珠宝

珠宝广义上可分为宝石、玉石、珍珠、黄金等制品，一般说来具有易于保存、体积小、价值高的特点，可被人们制成项链、手链、戒指、耳环佩戴于身上作为装饰品，有一举两得的功效。随着人们生活水平的提高，珠宝的保值作用增强，国际上亦以黄金作为保值对付通货膨胀的有力武器之一，但珠宝初始投资主要是制成品，价值已是高估，增值潜力有待投资品种的验证。对于家庭来说，珠宝可以作为保值的奢侈消费品，但作为投资渠道则不可取，珠宝投资方式只能得到4分（满分10分）。

（8）保险

随着保险业务的创新，国内各大保险公司推出投资或分红等类型寿险品种，使得保险兼具投资和保障双重功能，保险投资风险极低，对家庭的作用日益重要。

（9）彩票

购买彩票严格上说不能算是致富的途径，但参与者众多，也有人因此暴富，也渐渐被有些家庭认同为投资；彩票无规律可循，成功的概率极低，从做善事来说值得提倡。

（10）钱币

钱币包括纸币和金银币，对于历史上的通货是否是一项珍贵的钱币，需要鉴定它们的真伪、年代、铸造区域和珍稀程度，很大程度上有价值的钱币可遇不可求，因此，有些家庭没有必要花费大量的精力做此类投资。

对于我们每个人与每个家庭来说，都要不断地处理收入与支出的平衡，如果能合理调配资金，使金钱得到合理使用，就能使许多事情顺利完成，对整个家庭或个人的发展能起到促进作用；反之，就会麻烦重重。

5. 理财从改变习惯开始

在广告公司工作的李娜是独生女，月工资5000元。由于父母都在工作，所以不用她养老，再加上她现在与父母同住，不需负担任何生活费用。但李娜是个讲究生活品质的人，喜欢名牌、美食、旅游。她的人生信条就是在有限收入的前提下尽可能地享受物质生活。

年初，几个不在北京的大学同学找她来玩，她几乎带着她们把北京的故宫、长城、颐和园、八达岭等景点都转了个遍，早、中、晚饭也都是在外面吃，川菜、湘菜、粤菜几乎吃了个遍。可等到同学们走了，李娜才发现两个月的工资没了。

到了五一"黄金周"，李娜与男朋友去澳门旅游，她相中了一块3万元的手表，比国内的便宜好几千。虽然这块表会花掉好几个月的工资，但李娜有个习惯，凡是自己喜欢的东西，就算再贵也要买。于是，她毫不犹豫地刷卡买了下来。同事们看见后直夸她买得便宜时，她还为此而得意了好长时间。

周末和朋友们逛街时她又看上了一款漂亮的长裙，尽管标价3800元，但一想到同事们都穿着价值上千的衣服，自己穿的却是几百块钱的衣服，于是在虚荣心作祟下，她一狠心便买了下来。可是当她穿上裙子时，发现鞋子不配，于是又购买了一双2000元的鞋子。

自然，到目前为止，李娜不仅没有任何储蓄，而且财务常常处于负债状态之中。

像案例中的李娜这样的人不在少数，这种没有任何理财观念，花钱毫无计划的坏习惯是很难让她们成功步入富人圈的。

那么，朋友，你是否在为自己无法走出"负翁"的圈子而苦恼；你是否在为明天的开支无着落而忧心；你是否在为自己明明月薪上万，却无任何资产储备而觉得不解……你是否想改变自己贫穷的现状，加入富人圈？如果你的回答是肯定的，那么就请改掉你的坏习惯。

因为习惯是一贯的，它总在不知不觉中影响我们的生活，左右我们的行为，好的习惯可以帮助我们走向更大的成功，获取更多的财富，但是不够理性的财富观和坏的理财消费习惯会每时每刻侵蚀我们的资产，阻碍我们踏入富人圈。

那么，具体应该提防哪些糟糕的理财习惯呢？

（1）不健康的嗜好

现今社会，女人抽烟、喝酒、赌博已是见怪不怪了。而这也是最能侵蚀一个人财富计划的生活嗜好了。就拿危害最轻的吸烟的习惯来说，若每天抽掉半盒烟，按一般的标准要达到10元左右，如果这么计算，她一年在香烟上的花费大约是3500元，如果按她从30岁开始抽烟，能活到70岁，那么在这40年的时间里，她最少要在香烟上花费掉8万元左右。最为可恶的是，这些花钱买回来的有怪味的"草"还会折磨你的肺和心脏。如果把花费在烟草上的钱用来做指数定期投资，那么她的收益绝对会上万。就算她是个保守的投资者，拿这些钱投资保险，总好过抽烟找罪受。

（2）"收入控"

量入为出本来是很合理的，但是如果你被你的收入控制，那可不是什么好事。因为未来充满了许多不确定，如果成为"收入控"，那么其财富的风险就会更大。如果你在将来失业或者是收入没有预期中的高，那么就可能因为原来的消费支出计划而使财富受到"负溢价"。也就是为了应付变现而以低价出售财产，特别是奢侈品。

（3）过于依赖别人

过于依赖别人的人很可能是被娇生惯养长大的那种人。他们最明显的特点是怕麻烦，这个特质不但让他们在事业上受到阻碍，而且在理财消费中，他们也把大把的钱付给了"麻烦"服务商。

（4）关注财富的时间太少

财富积累不起来，绝对和你在财富上花的时间有关系。据佛罗里达州大学安德斯·埃里克森1990年对所谓天才的研究发现，实际上超出人们想象的天才并不像他想象的那样存在。他以在柏林大学学习小提琴的人为范本做测试，在20岁时，这些小提琴学习者中最优秀的那部分，大概每天练习时间是3小时，而在此之前他们练习时间在1万小时左右，而成绩中等的那部分大概总共练习时间在8000小时，水平更逊的那部分学习者总共练习时间只有3000小时左右。通过对这些音乐人的跟踪发现，他们的成就似乎只与他们练习时间有关，而与所谓的是否为天才没什么关系。

（5）讨厌或者不相信投资

讨厌和不相信投资的人大概分成几类：极保守型投资者，他们只相信储蓄或者再加上点国债；投资失败的人，他们很可能已经蜕变成了阴谋论者，因为他们并不想为自己原来过于冒险的投资行为负责任，而把过多的问题推向社会；现金崇拜者，他们只相信拿在"手"里的钱；真正的阴谋论者或者愤青。不要以为阴谋论者和愤青都鄙视财富，他们只是鄙视别人的财富而已。

不管是哪类讨厌投资或者对它不相信的人，他们对可见财富都更有信心，这种财富习惯除了会降低自己的财富增长率以外，过多依赖现实收入还会让财富风险变大。这种财富观念真的很难改变，因为一个牛市可能医治好很多投资厌恶者，但是一个熊市又制造出更多。

6. 别让闲钱打水漂

有一位智者说："只要你在银行里有存款，即使数目不大，也是令人兴奋的事情。"其实这句话说得很有道理，因为当我们存钱时，我们意识到自己正在一步步地跨入有钱人的行列。

可是很多女性却未能享受到这种跨入有钱人行列的幸福感，反而让自己的钱财打了水漂。为什么这么说呢？

细细观察我们周围的许多女性，尤其是一些比较年长的女性，她们习惯把钱藏到自以为安全的地方，有的时间一长自己也忘了藏的地方，或者被家人当成垃圾给扔了。结果不少人因此而吃了亏。

比如，李女士平常都把自己省下来的钱藏在一双多年不穿的旧雨鞋里，并在钱上盖上鞋垫。清明节回娘家扫墓，李女士从中拿取了2000元，剩余的5000元仍藏在旧雨鞋里。可是等到她扫完墓回家时，却发现那双旧雨鞋不见了。原来，丈夫趁李女士回娘家扫墓时，做了一次家庭大扫除，看见那双雨鞋已经旧了，留着也不穿，所以顺手一挥扔进了垃圾箱，藏在雨鞋里的5000元也因此而打了水漂。

像这种把钱放在自认为保险的地方最后打了水漂的事在我们的周围时常发生。有一部分女性是因为没有树立起储蓄的理念，另一部分女性则是觉得都是一些小钱，存银行感到麻烦。其实这都是错误的，钱再小也是钱，若放在家里没有利息不说，还有打水漂的潜在风险；但若存进了银行，即使是再小的钱也会聚沙成塔，为你的财富人生添砖加瓦。

此外，还有一种比存银行更好的方法，那就是让闲置的金钱运动起来。马克思谈到资本的时候曾说过这么一句话："它是一种运动，是一个经过各个不同阶段的循环过程，这个过程本身又包含循环过程的三种不同形式。因此，它只能理解为运动，而不能理解为静止物。"

资金只有在不断反复运动中才能发挥其增值的作用。经营者把钱拿到手中，或死存起来，或纳入流通领域，情况则大不相同。经营者完全可以把钱用以办工厂、开商店、买债券、买股票等，把"死钱"变成"活钱"，让它在流通中为之增利。

王小姐20岁时，在深圳大学就读。在那一段日子里，跟她年纪相仿的年轻人都只会游玩，或是阅读一些休闲的书籍，但她却是大啃金融学的书籍，并跑去翻阅各种保险业的统计资料，当时她的本钱不够又不喜欢借钱，所以买入的股票总是放得过早，转购其他股票。尽管因为资金少不能收放自如，但是她的钱还是越赚越多。

1994年，她如愿以偿到一家外企公司任职，2年后她向亲戚朋友集资10万元，成立自己的公司。该公司资产增值30倍以后，1999年，她解散公司，退还合伙人的钱，把精力集中在自己的投资上。

为了确保资金的安全，女人在让金钱运动起来的同时，必须掌握一定的原则，懂得投资的具体策略。

量身定做投资策略。策略是一个大的方向，应该向哪一条路进发，中间的细节反而在其次。每一个人的投资策略都不尽相同，因为每个人的背景与其他人并不相同，所以投资策略也应该量身定做。

投资理想的战略。制定了投资的整体方向之后，比如资金的1/3放在大蓝筹股票、1/3放在其余的投资。要考虑已投资的工具，应该用什么战略去达到理想的成果。战略是临场的应变方法。比如，股票突然狂跌3000点，你应该怎样做？入货，出货，还是静观其变？已定下的整体方针将1/3资金投入大蓝筹股这是大的方针，是一种策略。但临场随机应变，怎样去做，却值得三思，这又是一种战略。

永远考虑风险。切勿将"风险"这两个字放于脑后，有时市场千变万化，你可能也因为市场的风高浪急，大有所获，时势造英雄，突然在很短时间之内赚到一大笔钱，但切勿因为容易赚钱，而使自己过度贪心，忘记了市场永远都有风险存在。避免投资过度，以免一旦市场出现风暴，被杀个措手不及，由赚变亏，甚至有些人会因此一夜之间倾家荡产。

储蓄第一笔钱。投资，风险必定会有，如果全无风险却又肯定能赚的话，恐怕傻瓜都可能是万元户。即使储蓄存款也要冒银行倒闭的风险。希望得到投资的回报，当然需要冒上很大程度的风险。但有些人却因为希望赢大钱，所以即使明知风险甚大，也甘愿去刀头舔血，明知山有虎，偏向虎山行。赌一把，赢就发财，输就破产，这种心态要不得。投资的资本，尤其是辛辛苦苦的血汗钱累积而来的话，安全比发财更重要。我们的确在投资上应该冒上一些风险，否则墨守成规，将钱看得很重，变成一个守财奴，到头来反而眼巴巴看着钞票贬值。但冒风险并不代表赌一把，赌大小的心态并不健康。血汗本钱，应该珍惜。特别是珍惜你第一笔的本钱，因为第一笔本钱是最难储蓄起来的。一旦化为乌有，要重新开始，费神又费时。所以用你的血汗钱作为投资本钱，应该小心为上，勿使失去，以免想东山再起时，变得有心无力。

随时变现能力。古代有一句话，未尽正确，但也有启示，就是"亲生子不如近身钱"。近身钱，就是有急事时，随时可以动用的流动现金。人在很多情况之下，都有预料不到的需要现金周转的时候，如果每次有事都要向亲戚朋友去借，迟早会变得讨人厌。有近身钱，有急事时，可以应急，是最好不过的。

基于这一点，投资也要考虑另一个原则，就是你的投资项目，在你急需钱用的时候，是否有足够的变现能力，随时可套回现钱？套回现钱的金额是否足够你急需时的应用？能够随时套回现钱的投资工具，如果投资回报与其他工具相同的话，会是更佳的选择。买卖股票之所以受欢迎，原因之一就是股票随时可以在市场卖出套现，有急需时，变回现钱，可以应急。

短线获利能力。获利能力，是投资时另外一个必须考虑的原则。在其他因素相同之下，投资工具应该选择一些获利能力高的才去投资，这样才会使你的资本在很短的时间之内滚大，持续膨胀。

不过，这一个投资原则在很多时候却可能与上述的变现能力互相矛盾或两者不能兼得。比如投资物业可能从长远而言获利能力不错，是一种好的投资，但物业的套现能力比较慢。有急需钱的时候，要变卖物业套回现金，最快也要一个月，甚至更久。所以，投资者要自己衡量一下投资组合之外有多少具有高度的套现能力，以作为个人应急之用，这个原则已达到高枕无忧程度的话，其余的资金就可以考虑那些较为长线、变现能力不太高的投资，目的就是为了另一个原则——获利能力。

买卖收支评估。在个人理财的过程中，你已经了解到理财的步骤，有一环是事后评估，以做检讨和改善自己的个人理财计划。投资既然是理财计划的一部分，也一样不可以缺少这一个评估的步骤。比如每半年，或每三个月，或每一个月，甚至每一日都应该看看自己的投资成绩。为什么投资？买卖了多少次？投入了什么市场？为什么自己做出买卖的决定？凭什么做出这些决定？凭直觉、买卖消息，专家指示，报章推介，自己用电脑分析？事后发觉是对是错？对自己整个投资组合有什么影响？对整个理财计划又有什么影响？投资得对，下一次是否还用这个方法？错的话，错在哪里，下一次怎样尽量避免出现同样的错误？如果你能够坚持反复思量，每一次投资都检讨一下，自然就会有不少进步，投资的成绩也会越来越好，收益回报也自然越大。

7. 走出理财误区

要理财，先要理观念；如果观念错误，注定无法理财成功。可以说，几乎所有女人都在理财的观念上存在误区。富有的女人如果犯了错误，可能变穷；而穷女人如果犯了错误，就永远没有机会变富。因此，以下几个理财误区，阻碍你成为理财高手，逐一清除它们吧！

误区一：理财是有钱人的事

有些人认为：本人（我家）每月入账就那么一点儿"辛苦钱"，解决完"吃喝拉撒睡"后，余下的那几个小钱还能理什么财？还有一些人认为，现在没钱可理，等我有了钱再理财。

其实，很多家境殷富的人也是从一点一滴积累起来的。每月你只需拿出500元进行投资，假设你的年投资回报率是10%，30年后，你就是一个不折不扣的百万富翁了。所以，经常说"我没有钱可以理"的朋友，尤其刚毕业工作不久的年轻朋友，你要好好想一想：你真的无财可理吗？要告诉自己："我要从现在开始理财！"低薪族、工薪家庭与有钱人相比，面临更大的教育、养老、医疗、购房等现实压力，更需要理财增长财富。

误区二：我还年轻不需要理财

刚步入社会参加工作的年轻一族，注重追求眼前的幸福享受，并不多顾及将来会怎样，他们号称"零储蓄"，自诩为"月光族"（每月都将薪水花得精光），更有甚者为"负翁"（以透支信用卡度日），在这个花花世界中尽情享受着生活之乐。但精彩的背后同样蕴含着无奈，现在不考虑并不代表将来不面对。现实是残酷的，人生的许多风险可能会不期而至，与其到时被弄得措手不及，焦头烂额，不如现在就未雨绸缪，及早准备。

及早理财投资非常重要。如果你从25岁就开始每月投资500块钱，直到65岁，那么到时就有174万（按年收益率8%测算）。而晚10年从35岁才开始投资的话，到时的积累只有一个74万，如果以12%的年收益率来测算的话，晚投资10年的差距更是达到3.3倍之多。可见理财投资是越早越好，拖延等待将让你失去唾手可得的巨大利益，理财必须从现在就开始。

误区三：不理财照样过得很好

我们身边就有这样的朋友，常说：我就不怎么理财，当然我也不会每月花光光，自己一样过得很好，每年还能剩一点钱够零花。有这样想法的也是大有人在。乍一听，好像这样的生活方式也挺好，不用费心去理财，有钱就花，没钱就不花。但是，细想一下，你就真的不需要理财吗？即使不去考虑你过几年可能会面临买房、装修、结婚的事情（假设你家里帮你解决了这笔费用），你就真的高枕无忧了吗？

俗话说："天有不测风云，人有旦夕祸福。"谁都不能保证自己一辈子不遇到意外灾难。假如灾难来临，需要很多钱来应对时，你该怎么办？

小李，27岁，在某公司做大客户经理，工作四年，年收入能达到15万元以上。自己买了一辆大众POLO，每天开车上下班，平时消费很高，也从来不在家做饭，穿戴的基本都是名牌，晚上还经常去酒吧消费，不可谓不潇洒。她一直认为，像她这样的情况根本不需要理财。对于公司业余组织的理财咨询课她也从来不听。

然而，有一天，老家突然来了电话说：她母亲得肺癌，要做手术，手术费一下子就要十几万。家里认为小李的收入这么高，应该能承担这笔费用。这下小李傻眼了，平常花钱如流水，真到急用的时候，没钱了。怎么办，没钱母亲的病也得治啊，只好去借。还好小李周围有些好朋友还有一些积蓄，东拼西凑总算把救命钱给拿出来了。小李急忙把钱汇给家里，算是救了急。这件事让小李长了记性，以后也不那么乱消费了，慢慢开始学习理财。

合理的理财能增强你和你的家庭抵御意外风险的能力，也能使你的手头更加宽裕，生活质量更高。收入越高，越需要理财，因为你的收入高，理财决策失误造成的损失会比收入低的人决策失误造成的损失高。

误区四：理财就是投资赚钱

理财的目的是通过客观、合理地评估自身的现状，预期发展和生活目标，对收入支出进行合理的配比，考虑可能出现的多种风险，为现在和将来构筑一个安定富足的生活体系，实现人生的理想。它是一项综合的规划和安排的过程，涉及职业生涯规划、家庭生活和消费的安排、金融投资、房地产投资、实业投资、保险规划、税务规划、资产安排和配置、资金流动性安排、债务控制、财产公证、遗产分配等方面。从这个意义来讲，投资赚取更多的钱只是帮助我们实现理财与生活目标的一个直接而有效的手段，是整个理财范畴中重要的一环，但绝不是唯一一环。

理财不是简单地找到一个发财的门路，也不仅仅是做出一项英明的投资决策，它是一个与生命周期一样漫长的过程。孤立、片面地强调投资赚钱不但曲解了理财的主旨，还会陷入现实的怪圈。要全面、综合地审视整个理财活动，进行统筹规划，全盘考虑。

误区五：理财随大流，盲目跟风

实际生活中，很多人理财都是人云亦云，别人做什么，自己跟着做什么。别人买房子、买车子、买基金，所以自己也要买。这是一种从众的心理，盲目地选择与身边其他人相同的投资理财产品，形成一种"羊群效应"，却没有认真地考虑一下是否切合自己的需要，自己能否承受相应的风险，是否导致了自己的机会成本损失。例如，用于子女教育基金或自己养老基金的资金积累，本来应侧重于资金的安全和长期稳健的收益增长，但看到股市火爆，牛气冲天，别人在股市搏杀中屡有斩获，不禁自己也心痒痒的，终于耐不住寂寞杀了进去。不料行情急转直下，弄了个鸡飞蛋打，后悔莫及。

又如某些人一味地强调风险，固执地将所有资金都放在低风险低收益的投资产品中，却无形中导致了机会成本的损失。从2005—2007年，股市牛市行情，绝大多数证券投资基金都有100%以上的收益，如果结合自己的风险承受能力，适当地拿出一部分资金择机而入的话，将获得高于银行存款利息收入20倍的收益。

因此，理财投资绝不应该是盲目和僵化的，一个理智高明的投资者不应人云亦云，随波逐流，应该根据自身的风险承受能力、专业知识技能、资金积累的时间限制和用途需要，合理地选择投资工具，科学地搭配组合，以求得投资风险与收益的最佳结合。

误区六：自己没有时间、精力和专业知识，没法理财

其实理财并非某些人想象中那么高深莫测，遥不可及，有时它可能简单到就是一念之差，举手之劳。随着社会分工的越来越细和科技手段的日益发达，没有时间、精力和专业知识的人们可以借助一些专业的金融顾问机构，甚至专门的金融产品轻松地实现投资理财。

目前越来越多的银行等金融机构纷纷开办了个人理财中心、理财俱乐部等，由专业的理财客户经理帮你出具理财投资报告，设计投资理财方案。同时许多的理财产品也体现了帮你理财的特征，例如，证券投资基金就是在集合了广大投资者的资金后，由专家团队在证券市场上投资操作，即使你平时忙得无暇一顾，对

证券知识一无所知，也可以分享到证券市场成长的丰硕成果。

同时，目前银行、基金、证券公司推出的一些新业务也可使你只需举手之劳就可一劳永逸。比如，一次签约就可每月将你工资的一部分自动从代发工资的活期账户转入零存整取或是定期账户，从而避免利息损失；也只需一次签约，在每月特定时间自动帮你将指定金额的资金投资购买投资基金，进行长期固定投资。因此，时间、精力和专业知识并不是理财的必要条件，重要的是你要具备理财的意识。

误区七：急功近利，幻想一步登天

理财是一种生活方式的选择，许多人却简单地把理财当成投机，渴望通过理财一夜暴富。从某种意义上说，决定一个人理财成功与否最重要的不是理财的技术和手段，而是理财的心态。做好理财需要耐心和恒心，选择适合自己的理财工具和方法后应持之以恒、一如既往，朝三暮四、半途而废将一事无成；同时要有一颗平常心，任何希望一夜暴富的急功近利心态都是不可取的。理财是一个类似马拉松的漫长过程，考验的是你的持久力，而不是一时的爆发力，正如前文所谈到的，只要你有足够的恒心与耐心，成为百万富翁并不遥远。

误区八：缺乏长期的理财规划

许多人年轻时不懂如何理财，对眼前的生活却有诸多计划，买车、买房、环球旅游一个不能少，对未来的子女教育、养老等从不做打算，结果往往是退休前赚得多、花得多。退休后，他们用毕生赚来的养老金在股市中搏杀，结果资产大大缩水，生活质量大打折扣。

误区九：追求短期收益，忽视长期风险

近年来，在房价累积涨幅普遍超过30％的市况下，房产投资成为一大热点，"以房养房"的理财经验广为流传，面对租金收入超过贷款利息的"利润"，不少业主为自己的"成功投资"暗自欣喜。然而在购房时，某些投资者并未全面考虑其投资房产的真正成本与未来存在的不确定风险，只顾眼前收益。

其实，众多的投资者在计算其收益时往往忽视了许多可能存在的成本支出，如各类管理费用、空置成本、装修费用等。同时，对未来可能存在一些风险缺乏合理预期，存在一定的盲目性。经历了"房产泡沫"的日本和中国香港公民，或许已经意识到房产投资带来的巨大风险。

有许多国内投资者关注短线投机，不注重长期趋势，比较乐于短线频繁操作，以此获取投机差价。他们往往每天会花费大量的时间去研究短期价格走势，关注眼前利益。在市场低迷时，由于过多地在意短期收益，常常错失良机。特别是在证券投资时，时常是骑上黑马却因拉不住缰绳摔下，还付出不少买路钱。更有甚者，误把基金作为短线投机，因忍受不住煎熬，最终忍痛割爱。

只靠衡量今天或明天应该怎样本身就是一种非理性的想法，你真正需要的是一个长期策略。市场短线趋势较难把握，我们不妨运用巴菲特的投资理念，把握住市场大趋势，顺势而为，将一部分资金进行中长期投资，树立起"理财不是投机"的理念，关注长远。

误区十：追求广而全的投资理财组合

在考虑资产风险时，我们常常认为，"要把鸡蛋放在不同的篮子里"。然而，在实际运用中，不少投资者存在这种误区，他们往往将鸡蛋放在过多的篮子里，使得投资追踪困难，若分析不到位，可能会降低预期收益。

对于资金量较多的投资者而言，有必要分散投资、规避风险；但对于资金不多的投资者而言，把鸡蛋放在过多的篮子里，收益可能不会达到最大化。理财时要注意：不要将鸡蛋放在一个篮子里，但也不要放在太多的篮子里。

随着社会趋势的转变，女性在工作上越来越多地与男性处于平等地位，在收入方面也开始与同等职位的男性不相上下。但在财务独立的同时，却仍然不懂得也没有意识到自己的财务需求及理财的重要性，致使自己的理财效果大打折扣。故此，读者朋友在今后理财生活中要注意规避。

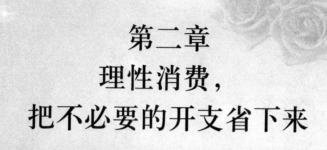

第二章
理性消费，
把不必要的开支省下来

　　女人是感性的，这是无可非议的，但要在消费上多些理性，则可以避免让不必要的钱从你的兜儿里流失。女人首先要树立正确的消费观念，既不要斤斤计较做个吝啬鬼，更不应只图一时之快，疯狂地花钱。

1. 避免不必要的开销

人们常说：女人的钱最好赚。的确，在现实生活中，很多女人明知道自己并不需要某种商品，却在"减价""打折"的号召下，兴高采烈地掏了钱，并觉得自己占了一个大便宜。可几天之后，却发现自己购买的东西一点用也没有；放弃了明明是物美价廉的商品，却为了"品牌"和"身份"，付出很多"冤枉钱"；为了买到最便宜的物品，开着车在各大超市之间辗转，花费一整天的时间却只买到便宜一元钱的物品，而停车费和油费加起来却已上百……消费时无法保持理性使她们的财产受到了很大的损失。

年过40的王女士，在一家外资企业做内勤工作多年。平时，王女士与几个年轻的白领要好，形成了一个关注时尚、经常一起逛街购衣物的小圈子。而同样的小圈子，在其工作的公司里还有好几个，并因此形成了暗自攀比竞争的局面：人家昨天穿了新买的意大利的名牌服装，拎意大利品牌的皮包，今天，王女士一伙必定要穿上新买的法国名牌时装、拎法国产的皮包；今天，人家提前穿上了夏季连衫裙，明天王女士等一定要更超前，把刚买来的新式吊带裙穿上。就这么攀比来攀比去，商家当然高兴了，货出钱进，只不过是多派发了几张贵宾卡而已，而王女士她们可就惨了：皮夹里总是空空的，银行卡里也所剩无几。为了攀比买来的时尚衣物，有的并不适合长久穿着，于是，刚买不久的衣物要么压箱底，要么落得送人了之的结果，实在是得不偿失。

男士购物，目的性很强，买什么，自个进了店堂，往往直奔柜台，买完就走。可女士购物就不同了，买前会相约多人同往，还常常会先向熟人、朋友讨教、咨询，进店后几个人会商议、评判一番，事后如果买得满意，又受人夸奖，还会成为商店和所买品牌的义务宣传员和推销员，劝自己的小姐妹也赶快去效仿购买。

钱女士就是此类女士中的一个典型。虽然她已是徐娘半老，身材肥胖，但家境优越又仗着有做老板的丈夫的面子，平时一批相好的小姐妹们都对她"礼让"三分。为此，每当外出逛街购衣物，只要钱女士看中的，大家都附和着说好，劝其买下。有两个做生意的小姐妹更是常常投其所好，主动为钱女士介绍一些所谓品牌服装、化妆品，甚至钻石、首饰、古董之类物品，编成种种故事，尽量说服钱女士：这么好的东西，非常适合你，不买，真的非常可惜。于是，轻信小姐妹、轻信朋友的介绍，钱女士不但一次次花钱买这买那，而且自己买了不算，还常常成为所买之物的推销员。据悉，在朋友们的介绍和"帮助"之下，钱女士眼下已拥有上海10多家高档时装、化妆品、首饰商店和厂家的金卡或贵宾卡，成为这些商店、厂家固定"交钱"的常年客户。而背地里，有人却常常评价钱女士说：没有眼光，没有脑袋，只会做"冤大头"。

因此，女人在购物消费时，应多保持一些理性，减少不必要的花销。具体如何做，理财专家提出了以下几点建议：

（1）不要轻信广告

现实生活中广告无孔不入，不管你愿意不愿意，无意之间就会被它牵着鼻子走。在购物的过程中，我们首选的往往是广告中见得最多的那种品牌。由于物品丰富，品牌繁多，有时跟着广告走一走也是可以的。然而，更重要的是，要弄清楚产品质量，防止虚假广告，选择被广大消费者认可的商品。

（2）不要贪图便宜，购买你不需要的商品

一件商品如若不需要，即便是再便宜也是一种浪费。有些女性朋友们只要看到某种东西便宜便心动了，大多数情况下会付诸行动，比如一些2元店里的商品，很便宜，但买回去基本上没什么用。其实，便宜的东西加起来也不便宜。

（3）不要购买降价不适用的处理商品

价格降一分，质量可能减三分，对你来说，要买回来用，质量差、不耐用，也是一种浪费。一些商场经常摆放一些处理商品，有些消费者喜欢这类商品。对于那些降价的商品，如果适合也是可以买的，但要注意一些接近保质期的处理品，还有很多商家对处理商品不负责"三包"或退换，买的时候一定要弄清楚。

（4）不要一次购买许多具有同样用途的商品

使用一个，闲置两个，实在是不便宜。虽然说有时候成批购买物品单价会降低，但是如果用不了那么多，买回来闲置也是一种浪费。

（5）不必担心某种商品将来难买或涨价而提前买

将来的事情都很难说，有些商场为了吸引顾客说某种物品降价期限当日为止，以后会涨价，劝顾客当时购买。很多时候这并不是最后的降价，大部分情况是随着产品的推陈出新，还要做进一步的降价。对于同一种商品，市场的规则是随着时间的推移价格只会降低，而不是上涨。

（6）不要随便让人代买商品

别人代买的商品，你不能不要，但心里却未必满意。

（7）不要省吃俭用购买高档消费品

平时省吃俭用，买商品却要品牌和高价位的，这会破坏你正常的消费秩序，使你长期处于消费疲软状态。在经济不宽裕的情况下，购物应以实用为主，不必追求高档品或名牌，免得影响正常的生活。

（8）不要见别人买自己就买

别人购买某种商品自有别人的用途，你也随之购买，却未必适合自己。很多人购物有跟风行为，尤其是遇到群体现象，见别人买便以为很值，不考虑自己的用途便跟风消费。有时群体抢购现象确实是真的，有时却是有"托"在起哄，我们应该辨认清楚。

2. 做好家庭开支计划

在中国式的家庭中，大部分的女性是家庭中的财务总管，她们不仅是自己所需要购买消费品的掌权者，也是家庭用品的主要购买者。因此，钱怎么花才能既提高生活品质又不至于浪费，成为很多女性关注的问题。计划用钱、小家财务经既是一种生活需要，也是一种生活艺术。

王嫣今年31岁，自己从医，丈夫在一家外企公司工作，夫妻俩每月工资加起来15000元，有一个4岁的女儿。去年年初他们贷款买了一套商品房，15年还款期限，月供3600多元。装修进行不久，他们就发现按照理想标准，预算远远不够。王嫣与丈夫一合计，决定向银行贷款营造温馨现代家庭。于是，每月的总还款额增加到了5600多元。2020年年初，算算还有还款能力，于是又贷款买了一辆车，贷款期限3年，每月还款3100元。开上私车的兴奋还没过去，王嫣夫妇就感觉家庭经济状况骤然紧张，眼看女儿上幼儿园在即，一打听每月1000多元的学费，使得夫妇俩不得不辞掉了小保姆。眼下，王嫣一家的收入总是超出开支，除了女儿的花费，家里其他支出则是能省就省，生活质量急剧下降。以前夫妻俩还经常去听听音乐会，每周去吃顿情调晚餐，而如今这些活动一律取消。尽管如此,每到月底,还是会出现财政赤字。眼见女儿各种教育开支还在进一步上升,王嫣对家庭未来的经济状况颇为担心,她说正在想办法和丈夫一起寻找兼职以增加收入。

像王嫣这样消费观念比较前卫的人一旦选择了负债消费,没有合理安排家庭的开支,虽然过上了"有房、有车"的"幸福生活",但预支了自己的未来之后,真的能够开始享受生活了吗?答案是否定的。如果真的希望自己的生活能够在宽松的环境下幸福美满,还要学会"算计",做好家庭开支计划。

许小姐由于受家人的影响,懂得了一些理财技巧,其中最重要的一环就是将每月的收入做好支出计划。

首先,每月开支时,除了留下必要的零花钱外,剩余部分全部作为家庭基础基金。

其次,列举出本月的基础开支,通常包括水、电、燃气、暖气等费用;列出本月的生活费用开支,包括柴米油盐等伙食支出和外出的车费、朋友聚会的费用等;再留少许其他开支,比如添置换季的衣物等(不是每月都要支出,但每月都要留存,以免换季时节支出过大影响正常生活)。

列出每月的必要开支后,将里面的基础开支存入银行(活期储蓄,不到用时坚决不动用这笔钱),然后将准备添置衣物用的其他开支也存入银行(活期储蓄或零存整取,动不动用这笔钱可视情况而定),这样做虽然每笔资金的金额很少,但总比放在家中一分钱利息都没有要好。此外,拿出

31个信封，每个信封装着平均每天的生活费，每天只动用当天的"支出袋"，用不完可留到第二天用，如果确实不够，只好通过第二天少用来找补。

除去每月的必要开支，每月都要有一定的剩余，这笔钱最好是放在银行里。许小姐的做法是，将这部分钱分为两部分，25%存为活期以备不时之需，75%存为定期，以有效约束自己想花钱的冲动。活期自不必说，许小姐将每月的定期部分存成定期一年的存单，这样到了第二年，每个月都会有存单到期，每个月都有惊喜，到时肯定有成就感。而且，从第二年起，她每个月还把当月剩余资金的75%和当月到期的存单一起再存成一年的定期存单，这样一来，每笔的存款额就会越来越高。

除了正常的银行储蓄，许小姐还拿出部分资金买国债和保险，之所以如此，是因为股票、基金、期货的风险本来就大，而自己又缺乏专业知识，容易造成风险的再度扩大。

国债每年都会发行，利息虽然与银行同期储蓄利息差别不大，但没有利息税，如果家中有部分钱在短期之内用不到，选购国债将是首选。关于保险，可能很多女性朋友没有意识，认为收入不高，没有必要拿出那么多钱去为不知何时发生的事买保险（也许根本就不会发生）。"但我认为，正因为收入不高、世事难料、医疗费用居高不下，中低收入者才更应该买保险，这样在万一出了意外时，才能给自己治疗的机会，给家人一份保障。所以，再怎么样也要买份大病险和意外险。"

最后一条就是记账，这是许小姐理财过程中的重要一条。所谓记账，账目并不需要非常专业，只要做好流水账就可以，但一定要每天都记，只有如此，月底盘点时才能发现自己是否有过因冲动而购买东西的举动。有了总结，下个月才会有所约束，才会更有利于家庭开支计划的修正。

其实，不是赚钱越多生活就越优越，理财的真谛是使有限的钱财发挥出最大的效用。人们常说："口袋的大小决定了幸福的多少。"其实还应该加上一句："脑袋决定口袋。"只有具备经济头脑，从以下几个方面管理家庭的支出，才能让自己的口袋越来越大、越来越鼓。

（1）家庭消费要量入为出

一般来说，家庭消费必须考虑一家人衣、食、住、行的需要，一个月的收入首先必须保证生活开支，即基本的生活必需费用，如饭菜、房租、水、电、交通费用等。但现在的大千世界中，物欲横流，人们的消费欲望往往会被各种各样的诱惑所吸引，导致在金钱使用上的浪费。因此，每个人、每个家庭都应该量入为出，按照自己的收入过日子。像生活中的一些并不是非买不可的产品，如食品、装饰品、较为舒服的家具和沙发等，作为家庭中执掌财政大权的女性要根据自家的经济情况对这些东西进行妥善安排，对添置物品应该进行周密的考虑，切不可脱离现实，盲目攀比，超前消费；也不可贪图一时享乐，最后使自己陷入不得不提前领取工资的尴尬境地，拆了东墙补西墙，寅吃卯粮，结果必然债台高筑，不得翻身，严重影响家庭中的理财原则。假如一个家庭出现了这样的结果，那么你就称不上是一个合格的家庭财政大权掌管者。

（2）家庭消费要适度节俭

女性在家庭消费中一定要懂得节俭，女性节俭可以遏制家庭中的不必要消费，使家庭中金钱支出得到适度运用，这也就意味着统筹安排、精打细算和避免浪费。

节俭也意味着要确保将来的利益得到保障，因此更要有抵御眼前诱惑的能力，掌控家庭中的财务状况，这也正是一个女人的高明之处。但是，女性朋友们要弄清这个"节俭"的概念，它并不等同于吝啬，而是为了日后的慷慨大方适当地缩小眼前开支的一种方式。所以，女性朋友在购买价格昂贵的物品时，要权衡一下是否必须购置，是否符合家庭成员的共同需求，是否为家庭的经济收入和财力状况所允许，要本着节俭的原则，适度消费。

（3）家庭消费要以实现最大利用率为原则

女性在家庭中如果能做到充分提高物品的利用率，就可以达到最佳的消费效益。也就是说，在消费时要尽量避免盲目性消费。任何产品都有它的生命周期，商品的款式和质量都在不断更新和提高。因此，生活中花钱应当尽量注意节奏的变化，尽量避免在过时的商品上花钱；不急用的商品也不要在火热期购买，最好等到这种商品在市场上达到饱和时再购买，这样能大大提高家庭消费的经济效益。

当然，在购买时也要讲求科学，注意商品的性能和使用寿命以及维修等问题，这样才能充分发挥物品的作用，尽量延长它的使用寿命。这也是为什么买同样的商品这一家能使用三年，而另一家仅能使用一年的原因。每个家庭主妇都在消费，可并不一定每个家庭主妇都会消费，小家财务并非每位女性都能管理得恰到好处。因此，在日常生活中选择一种比较好的家庭消费管理方式是非常必要的。而在这种管理方式中只有对家庭的经济开支不断总结、不断规划，才能使家庭走上幸福的康庄大道。

3. 旅游也要理好财

只赚钱不花钱是不对的，因为钱如果放着不花，与废纸无异；花的比赚的多更是一种病态，这种女人不是购物狂就是不会过日子。女人要注重生活质量，在赚钱的同时，也要合理地进行娱乐。

如今，旅游成了一大热门产业，喜欢旅游的人也越来越多。那么，如何在开眼界的同时，又能使金钱得到恰到好处的运用呢？只要你细心思索，就会发现，这也是一门不简单的学问。

（1）合理解决饮食问题

在旅游中，吃是很大的一笔开销，那么，怎样在你的旅游过程中既能吃到美味的食物，又能获得优惠的价格呢？

不妨在旅游前，你先去网上查一下，看看你所去的目的地有哪些比较有名的饮食，把这些记在你的旅游计划书上，为你旅游出行提供一些参考，避免了旅游时的盲目选择。

当然，这只是参考，因为网上介绍的毕竟不全面、不细致，没有当地人了解得清楚。所以，当你从网上查阅出来资料后，有针对性地带着这些问题向淳朴的当地人打听，一般情况下，他们会很高兴地为你提供好吃而又价廉的有名食品地点，还会把这地点在哪里、怎么走——为你指出来。当你到达那里，你会看到果真如淳朴的当地人所说，这里不仅食品价格便宜，口味正宗，而且人气旺盛。在这里你可以避开繁杂的游人旺盛区域，清净而又悠闲地领略当地人的生活风俗，此时，你会感到别有一番情趣在其中。

（2）合理解决住宿问题

出门旅游我们不是以把自己辛苦赚来的钱花光为目的，而是为了得到精神方面的享受，所以在出行时切记要合理花钱。

除了吃的问题，住宿问题也是旅游花费很重要的一个方面，合理安排住宿也是出游理财的一个关键环节。

出游不要总是想着住大宾馆，其实很多大宾馆的设施和普通旅馆差不多，只是上面添加了一个比较有知名度的牌子，所以价格就高上去了，因此出游尽量不要选择宾馆住宿。不妨根据交通便利条件，选择条件比较好的单位招待所，因为这样的招待所不仅价格便宜，环境好，而且安全性也很高。如果这样的招待所没有找到，你可以以交通为准则，在市中心的边缘地带选择一些旅馆，因为不在市中心，这样的旅馆比较便宜，而且也很适合短期入住，但是不能选择离景区太远的地方，否则你省下来的金钱只能用在路程的花费上了。当然，你也可以选择入住旅游景区内的酒店，这样可以避免你在坐车方面的消费，而且还能省去门票费。

（3）合理选择交通工具

旅游时，您可以根据要去地方的远近，合理选择交通工具，比如您去的地方较远，可以选择飞机出行，如果地方不是很远，那么，可以选择火车或汽车出行。

不同的交通工具会为您的出行带来不同的优势。坐飞机，可以节省时间，但相对来说价格较高；坐火车、汽车，价格比较便宜，但是相对也会浪费时间。

交通工具的选择既要适合您的经济条件，也要适合您的心情。如果您希望在行程中多观赏一些沿途景观，感悟一下景致的美好，那么您可以选择经济又实惠的汽车、火车为交通工具；如果您希望节省一些在路上的时间，使得在观光地能有足够的时间参观，那么您可以选择飞机作为交通工具。

（4）制定购物清单

在出游前，一定要制定出购物清单，因为很多人都有这种心理，到一个地方去旅游，总是被各种各样带有当地风俗特色的物品吸引，忍不住花钱去买，而且这种东西往往价格昂贵，这样你的消费无形中就增加了很多。所以，在出游前制定出购物清单，严格按照清单上的物品进行购买，这样当你归来时，既可以为你丰富的物质收获而心情大好，又可以为你的美满的旅途而欣喜万分。当然，在购买商品时要以轻便、适合携带为准则，以具有纪念意义为原则，很多地方商品比较正宗，而且在当地卖家颇多，价格也会相对有一定的浮动，所以你可以与当地人砍价，购买一些轻便而又十分有价值的商品。但是，如果是你不能确定是否为伪劣产品一定不要购买，以免花了钱又后悔。

（5）避开旅游黄金周

如果您的时间允许，要尽量避开旅游黄金周，因为一旦旅游黄金周到来，商家的价格上涨期也会随之到来，东西都变得贵了很多。这样你旅游消费的费用也会相对高出很多，如果避开黄金周旅游，你不仅可以买到价格便宜的商品，节省开支，而且还可以避开众多的游人，轻松游览美景，获得高质量的游玩契机，更会为你的出游增添悠闲舒适的感觉。

（6）统筹兼顾选景点

出门旅游，玩是最主要的目的，但在玩上省钱也是大有必要的。首先对自己旅游的景区要有所了解，从中选出最具特色的必去之处。当然，对其中的一些景点也要筛选。

此外，在旅游时应留点时间去逛逛街，这样既不需要花钱买门票，又能看看景区当地的风土人情。因此，在每次出行时你可以制订计划，做到统筹兼顾，每次行程都将就近的主要景点涵盖，以便与以后出游的目标不再重叠，这样能够避免某一景点没有观光到还要单独一游的情况。此外，有些景点是旅行社不去的，有些是还未开发的，这些地方既不用购买门票，也不会人山人海，而且风景也许不亚于那些固定景点。中国的旅游资源相当丰富，有许多"养在深闺无人识"的地方，有着壮美的梯田、云海等景观，甚至以活的形态保存了各种原始的自然生态风貌和地方风俗。

（7）学会砍价

外出旅游时为了留个纪念，几乎人人都会购买旅游纪念品，此时一定不要羞于砍价，而应尽量要求优惠和折扣。要时刻记住，做精明的消费者比摆阔的"冤大头"更受人尊敬。

掌握了以上这些切实可行的小诀窍，你就可以玩得既开心又省钱。女人们还等什么呢，赶快行动吧！

4. 会赚钱也要会花钱

俗话说："吃不穷，穿不穷，不会算计一世穷。"这话道出了管理钱财的窍门，有计划地管理钱财，钱财就会像流动在一条规范化的渠道里，直奔它的正常用途。没有计划的钱财，如同泼在地上的一盆水，向四面八方流去，很快就消失在沙土里了。

玲玲就读于北京的一所大学，家里的经济条件比较好，在花钱上她从来都没有计划，几乎是"月月光"。而她买来的全是些乱七八糟的东西。在那么多的衣服和小饰品里没有一件是有价值的。她买的数十个皮包全都是"A货"（几乎可乱真的名牌仿冒品）。有时路过一些小摊儿，看到价格便宜就买了，后来自己不常用，就转送给朋友和同学。随着时间流逝，她留下的都是一些没有用的东西。那些都是当时比较流行，而且价格低廉的商品，但现在却变成了没有价值的"收藏品"。

毕业之后因为找不到好工作，玲玲就去报考研究生。但玲玲要靠自己的力量来交学费是不可能的事，所以就伸手向父母要学费。不仅如此，她还以就读研究生的名义，向父母以及兄弟姐妹们借了一些钱，却买了不少没用的装饰品。

完成研究生学业之后，玲玲马上就结了婚。本以为结婚后她就不会乱花钱，能把握好消费的尺度，没想到她在花钱上还是和以前一样。她由于没有辛苦赚钱的经验，所以就把老公每月辛苦赚回来的薪水当作自己过去念书时的零用钱一样毫无节制地花着。年轻的时候因为养成了不好的用钱习惯，所以对于她来说，老公的信用卡就像是阿拉丁的神灯。

玲玲虽然自己也有工作，但她挣的钱连买衣服和小饰品都不够，但她还在那间没有多大的房子里添置了许多没多大用处的厨房用品。比起用老公每月给的钱，她用得更多的是信用卡，为了得到更多的钱，她还偷偷地背着老公办了一张利息很高的信用卡，用来买自己喜欢的商品。在其他夫妻都在携手努力理财的时候，她却弄得整个家负债累累。不仅如此，她不但没考虑过改掉这种不好的习惯，还一直埋怨老公薪水太少。

那么，到底如何成为一个聪明消费的女性，既可满足购物欲，又不至于花费过度呢？

（1）理性购物，合理消费

今天，有2 / 3以上的消费者是冲动型消费者。他们没有计划，在商场中四处闲逛，因而很可能在寻找商品上花费了更多的时间。花费的时间越多，他所花费的钱也就越多。这个事实一次又一次地被人们所证实。而且，在没有购物单的情况下，人们经常会购买几周以后才需要的或者根本就不需要的东西。你也许会认为大多数的百万富翁是让佣人上街购物。事实上，大部分百万富翁喜欢亲自购买日常用品。

那么，在一家食品店中购买东西的最佳方式是什么呢？有一对夫妇做得最好。他们把经常要光顾的两家食品店的内景画成地图，并标上每一类商品的名称和位置。这种地图将作为每周的购物单和导购图。如果在某一周他们的某项物品用完了，他们就会在地图上将这一项画上圈。他们还用这种方法安排买菜，当然，要有折价券和相关的赠送才会记在地图上。这听起来好像需要大量的工作，实际并非如此。他们有自己的看法。假如你没有购物单，没有购物计划，那么你每周将在食品店里多花二三十分钟或者更多的时间，那就是你没有提前做好计划的缘故。如果每周占用30分钟，在成年人的一生中，这将会是6.24万～7.8万分钟，或1040～1300小时。将你一生中的6.2万分钟以上的时间浪费在一家食品店中，这肯定不是效率很高的行为。如果这些时间用在计划投资、看你的儿女们玩棒球或垒球、度假、升级你的计算机技术、锻炼身体、做好生意，或者写书，你难道不觉得会更好一点吗？

（2）花钱在能够增值的物品上

莱文斯夫妇退休了，他们住在奥斯汀一个漂亮的居住小区中，有一幢漂亮的拥有4个卧室的住房。他们具有高达7位数的净资产。他们是一对节俭的夫妻，非常关心他们的开支。正如莱文斯夫人所说，"我的丈夫和我生长在经济衰退时期，因而我们俩都很小心我们的钱。"虽然他们现在住着一幢价值百万美元的房子，但这些年来它增值了不少。

除了漂亮的房子，莱文斯夫妇同样有能力购置昂贵的汽车和时髦的衣服，但这不是他们的风格。他们认为，就那些一旦购买了就会失去其全部或大部分初始价值的产品而言，关心其价格是很重要的。这些物品的价值极不耐久。例如衣服，你今天购买了一套昂贵的衣服或礼服，它在明天的旧货市场上能值多少呢？可能是原价的10%，或者5%，或者更少。莱文斯夫人从来不想在衣服上花太多的钱，因为它们在价值上折旧太快。但是她总是希望看上去穿得好些，她的办法就是在打折商店购买那些正在打折的名牌服装。莱文斯夫人和莱文斯先生拥有许多名牌服装，它们大多是从打折店购买的。如果买来的衣服不合身，她和莱文斯先生会采取40%的百万富翁都采取的方法解决此问题，那就是请人将衣服进行修改。当他们身体发生变化使他们原本合身的衣服变得不再那么合身时，他们依然会这样做。通过这种方式，莱文斯夫妇节省了很多钱，同时在穿着上又不失体面。

而后，莱文斯夫人将省下的钱用于价格"极其持久"而实际上会增值的物品，比如，可以称为古董的老式家具等，对于莱文斯夫人来说，购买这些东西，既实用又有投资价值。这些东西会随着时间的流逝而变得弥足珍贵。另外，他们还投资业绩位于前列的共同基金、前景看好的股票等。

5. 不做"购物狂"，要做"购物精"

大多数女性都喜欢购物，每次逛商场都会大包小包满载而归，一旦逛了一天空手而归，会产生很大的失落感，或者感觉逛得不尽兴。这样的女人，我们称作"购物狂"。

其实，有些女性并不是天生的购物狂，是因为后天的原因导致的。导致女性成为购物狂的原因很多，如心情愉悦、失恋、无聊或者为了得到精神上的宣泄等。当然，女性的这些购物心理，从某个角度来说，我们应当理解。但是，如果长期如此，会使女人在购物方面演化成一种强烈的心理需求，形成需要时购买、不需要时也要购买的念头。

消费是一种享受，可以使女性身心愉悦，可是，如果将愉悦的消费演化成对商品极端占有的心理，那么，这种购物就毫无价值可言了。因此，女人应当怎样花钱、怎样花好钱是一门大有讲究的艺术。作为现代女性，"不做购物狂"是你的消费必修课。

生活中有哪些类型的购物狂呢？

（1）打折型购物狂

我们发现，生活中很多女性总是对打折商品情有独钟，一旦看到打折商品就会疯狂抢购，她们认为这时会用较少的金钱买到想要的东西，于是心里总是会蠢蠢欲动，不管这些东西是否适合自己或者是否有用，都会大方地掏腰包。但是，往往在这样的疯狂购物后，回到家却很少对自己的"战利品"满意，常常陷入一种不买难受、买了后悔的矛盾中。最重要的是，超前过多地支出，导致月末时金钱紧张，此时，才会望着满屋子买回来的"战利品"摇头感叹自己是个不折不扣的败家子！

（2）模仿型购物狂

女人一般都有模仿心理，这是很多女士们购物的通病，尤其一些爱美、爱时尚的女士们，这更是她们的一种心理特征。

这样的女性总是倾慕于别人的穿着，别人怎么穿、怎么搭配，她就会争相模仿，也买一件和别人一样的衣服或裤子搭配起来，毫不思索这样的穿着是否适合自己或者自己身材是否适合这样的衣服，而且当问到自己是否喜欢时，也总是含混不清，并不知晓，直到有好朋友指出这身衣服不适合她时，她才会发现自己的行为完全是一个错误！这样的模仿导致自己的钱包总是空空的，而且新买来的衣服要么压箱底，要么落得送人，结果实在是得不偿失。

（3）自我安慰型购物狂

如今社会上流行一句话——女人应该对自己好一点，于是很多女性就把这句话当作座右铭，常常说"岁月催人老，何不趁年轻的时候让自己多享受一下"。于是有这种想法的女人从不吝惜把大把的钞票花在自己身上，化妆品、皮包、衣服、首饰、高跟鞋、时尚发型、美甲、美容……只要自己心里感到高兴，无论金钱多少，她们都不会迟疑地眨一下眼。然而，这种长久的在购买欲上寻找内心快乐的人到最后只会陷入无底的深渊而无法自拔。

当今社会，无论是商品广告，或者电影、电视中，在有意无意间都会宣扬以消费作为人生终极目标的信息，这些潜意识充斥着女性的头脑，令很多女性消费者成为一个购物狂，这是一种缺乏理性消费的行为，是一种极其错误的消费观念。合理的理财方式不是体现在消费的高低上，而是体现在消费的价值上，理性消费才能铸就高品质的生活。

那么，在购物中有哪些理财小窍门呢？

窍门一：购物前列出购物清单。

在你想去商场购物前，先将需要的物品列一张清单，按照清单购买物品，这样不但可以避免漏买东西，还可避免购买无用的东西。

　　窍门二：在打折商品上做学问。

　　我们要既不失体面又不失钱财地在打折商品上做学问。很多
消费者在购买商品时都有一种观念，就是向上观潮流，认为只有
价格昂贵的商品才是优等产品，打折商品是低劣的产品。其实不
然，商品出现打折现象有时只是为了应对情况而定的，并不是所
有的商品都是伪劣产品。所以，在买打折商品时主要看质量，如
果这个商品质量过关，而此时也正是你需要的，那么你就要赶快
动手买下它。

　　我们看羽绒服在冬季卖，价格很高，很多时候你都跃跃欲
试，但苦于价钱太高，就没有舍得掏出腰包。然而到了夏季，价
格就会降低很多，甚至打成4折。如果经过你的检验，发现商品
的质量和冬季时一样，这时你就要抢购了。因为此时的商品不存
在质量问题，只是商家针对季节情况以及商品销售的速度而进行
的带动销售的举措。这时会理财的你在家里需要时购买了这种商
品，既可以节约资金，又有价值。所以说，在质量有保证的情况
下，购买打折商品是理财购物的小窍门之一。

　　窍门三：货比三家。

　　货比三家后再买。在购买商品时要意志坚定，大家都有过这
样的体会，无论你走到哪一家商店，商店的营业员都会热情地向
你介绍该家商品的好处，并把产品说得天花乱坠，勾起你的购买
冲动。但是在听营业员的介绍后，千万不要被他的美言所左右，
把自己的金钱掏出来。此时，你要保持冷静，认真思索之后，委
婉地谢绝，再多光顾几家商店，听一听其他营业员的介绍，这样

更有利于你对产品的了解，也有助于你对产品的选择。

当然，如果你想要买一些贵重的家用电器，也可以先从网上查一下这种电器的相关知识，提前对该产品有一定的了解，然后再去各个商家进行价格比较，让自己有了心理准备后再去购买。

窍门四：不要跟追潮流。

通常情况下，刚刚上市的产品不但价钱会很高，而且质量因为还没有得到消费者的验证，可能出现一定的问题，所以，过度地追随潮流，不但苦了自己的钱包，还有可能苦了自己的身体。

窍门五：讨价还价。

讨价还价也是理财好方法。许多人在购物时总是碍于面子，明知自己花了"大头钱"，仍不好意思和卖主在价钱上讨价还价，这是一种极为不好的购物习惯，也是一种不合理的理财方式。

试想，在你不好意思因为价钱和卖主讨价还价时，那么卖主有没有因为不好意思而主动给你打了折扣呢，一定没有这样的情况发生，不是吗？所以，在讨价还价时也不要只想到自己的面子，因为你辛苦赚来的钱更多的时候比你面子更重要。不要让你辛苦赚来的钱枉花一分一文，而且，如果你能用更低的价格把商品买到手，这说明你的智慧和能力更强。最后，当你把商品买下时，卖主也许还会夸奖你一句："你真是太精明了！"

窍门六：选定适合自己的商场。

买商品要选定适合自己的购物商场。很多时候家庭需要的一些琐碎的物品，如柴、米、油、盐之类，我们习惯就近原则，选择家庭附近的小超市就可以。但是，如果需要买的东西比较多，

而且比较大的情况下，就应该选择去商场购买。在你逛了几家商
场之后，如果发现这些商品的质量都能过关，这时你就要在价格
上作比较，哪家商品的价格低一些，商品更实惠一些，哪家商场
距离家里更近一些。这样经过几次比较后，你就可以选定适合自
己的购物商场，而且还可以买到物美价廉的商品。时间久了，你
还可以节约不少钱呢！

窍门七：收集购物小票。

将超市的"购物小票"收集起来，对家庭日常理财也有一
定的帮助。一般超市打印的"购物小票"上面都会将你所购物品
的名称、单价、数量、时间等一一列出，花了钱让人感到心中有
数。因此，将"购物小票"按时间顺序存放起来，到了月底进行
一次装订结账，还可以知道当月的生活用品的支出情况，同时可
起到记账的作用。通过经常整理这些"购物小票"可以看出，每
到节日期间，各家超市为了吸引更多的消费者，总要搞许多促销
活动。这期间会将那些日常用品临时降价销售，此时便可选购一
些如色拉油、牙膏、香皂等生活必备品。如果这样日积月累，一
年下来，仔细算一下就会发现，能节省一笔不小的开支。

窍门八：选择好时间。

购物还要选择好时间。适当的时间可以使你买到喜爱的衣
服，并且还会减少你的消费。我们看，盛夏即将来临，很多人对
夏装跃跃欲试，看着那些精致漂亮的服装，心里不免掀起了购买
的欲望。可是，你看一下价格，就会发现，这些漂亮的衣服也都
比较昂贵。然而有些人因为一时的冲动，仍然选择在这时买下了
这些漂亮的衣服。让人感到不舒服的是，当你买后不久，就会发

现衣服的价格会降下来。所以说这也是购物的一个窍门，不要在
新产品刚刚上市时就抢先购买，如果你真的很喜欢，可以适当地
打一下时间差，过一段时间再去购买。这样可以为自己省些钱，
对每个女人来说，也不失为一种明智的消费理念。

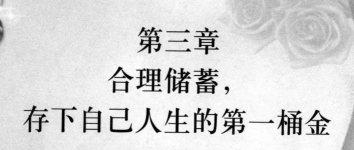

第三章
合理储蓄，
存下自己人生的第一桶金

目前，银行储蓄仍是大部分人传统的理财方式。储蓄赚不了大钱，但与股票相比，储蓄收益稳定、风险小、安全性高；与债券相比，储蓄有存取灵活方便、变现力强、种类繁多、没有存取数额限制等优点。因此，储蓄是女性理财首选的投资渠道。

1. 女人理财应从储蓄开始

美国著名成功学家博恩崔西曾经在演讲时问听众："如果给你一根魔棒，让你的收入顿时增加两三倍，这会解决你的财务问题吗？"听众都点头同意。博恩崔西接着问："跟你第一份工作相比，你现在的收入是否为当时的两三倍？"听众也都同意。但薪水增加对于解决财务问题，显然一点用也没有。就像帕金森法则所说："收入增加多少，开销就会增加多少。"不论你收入再怎样增加，到头来都会被增加的开销吃掉。

可见，与挣钱比较起来，储蓄更为重要，更能体现一个人的能力。当一个人开始有计划地存钱，并且真正懂得金钱的价值时，这就说明他在一步步走向成熟，对自己的人生开始有了规划，也说明他的人生观、价值观在不断改变。

理财就是要树立一种积极的、乐观的、着眼于未来的生活态度和思维方式。对无储蓄习惯的人来讲，他们的人生哲学是吃干花净，今朝有酒今朝醉，哪管明天喝凉水。这种生活态度和思维方式，是理财的大忌。

因为没有人能只靠挣钱多而致富。只有当你能守住钱时，财富才会产生。很多人误以为："只要我能挣大钱，情况就会好转。"但实际上，生活标准总是随着收入的增长而水涨船高，你的需要总是和你的获得差不多持平。所以，不储蓄就只能负债。
下面案例很能说明这个问题。

林小姐月收入8000多元，但她几乎每个月都处于透
支——还款——透支的恶性循环之中。每次消费，如吃饭、
唱歌、买衣服都刷卡，每个月拿到工资后除了付房租和水电
费，就是还信用卡里的透支款，然后又开始消费。结果，工
作好几年了不但没能买房、买车，还得经常借债度日。

反观王小姐，月收入5000元，但她每月发工资第一件事
就是把1000元定存，1000元做基金定投，由于与别人合租，
所以房租和水电费是1500元，然后她留1000元自用，剩余的钱
存成活期。结果5年后，由于王小姐投资的基金涨势喜人，获
利可观，再加上月月定存的钱，王小姐付了一套二室两厅房
子的首付，成功跨入有房一族。现在的她不用再付房租，也
由于她把一间卧室出租了出去，每月还能收到一份房租。

要想成为富人，就要让自己像富人一样思考。理财，首先要
进行资本的原始积累，如此我们才能进行投资理财。更为重要的
是，钱赚钱要比人赚钱容易许多。所以，从现在开始储蓄，积累
你的投资资本。

银行为了满足不同客户的存款需求，提供了各种各样的存款
方式。但从大的方面来说，存款种类一般分以下两种：

（1）定期存款

①整存整取定期储蓄

50元起存，存期分三个月、半年、一年、二年、三年和五

年，本金一次存入。存期内只限办理一次部分提前支取，且只能在存单开户行办理。用户可在开户日约定自动转存，存款到期可按原定存期连本带息自动转存。存单到期，可在同市县范围内通存通兑。

②零存整取定期储蓄

5元起存，存期分一年、三年和五年，按固定金额每月存入一次。中途如有漏存，应在次月补存，未补存者，到期支取时实行分段计息。漏存前存入的金额按零存整取利率计息，漏存后存入的金额按活期利率计息。

③整存零取定期储蓄

一次将一笔较大的整数款项存入银行，分期按本金平均支取的储蓄存款。这种储蓄适宜有较大的款项收入，而且准备在一定时期内分期陆续使用的家庭存储。储户开户时将本金一次存进，起存额为1000元，多存不限，存款期限分为一年、三年、五年期三个档次。支取本金期可分为每一个月或三个月或六个月支取一次，支取期限由储户选择和确定。

④存本取息定期储蓄

5000元起存，存期为一年、三年和五年，一次存入本金，定期支取利息，到期归还本金。在约定存期内如需提前支取，利息按取款日银行挂牌公告的活期存款利息计算，存期内已支取的利息要一次性从本金中扣回。

（2）活期存款

①活期储蓄

1元起存，由储蓄机构发放储蓄卡，凭卡存取，开户后可以随时存取。活期储蓄可在全国联网网点通存通兑。

②定活两便储蓄

定活两便储蓄顾名思义就是定期、活期两方便。它是储户在存款时出于各种原因不能确定具体存期，但一时又用不着，要购物时可随时提取，而利率又可以随存期的长短而变动的一种储蓄。办理定活两便储蓄存款有两种形式，一种是固定面额存单方式，不记名、不挂失，存款面额分为50元、100元、500元三种。另一种是面额不固定，从50元起存，多存不限，但采取记名式，可以挂失。

③个人通知存款

存款人可自由选择存款品种（一天或七天通知存款），金融机构按支取日挂牌公告的相应利率水平和实际存期计息，利随本清。

2. 储蓄也要讲方法

有人说：储蓄，不就是往银行存钱吗，还有技巧可言吗？是的，往银行存钱真的很简单，但是，如何利用好不同的储蓄方法而得到更多的储蓄"实惠"呢？

为了使广大女性朋友们找到最理想的储蓄方式，下面对几种简单而重要的储蓄法做以介绍：

（1）月月储蓄法

月月储蓄法又称"12张存单法"，即每月存入一定的钱款，所有存单年限相同，但到期日期分别相差一个月。这种方法，是阶梯存储法的延伸和拓展，不仅能够很好地聚集资金，又能最大限度地发挥储蓄的灵活性，即使急需用钱，也不会有太大的利息损失。这种方法非常适合忙碌而无时间顾及理财的工薪阶层，月月发，月月存。但在储蓄的过程中，一定要注意：当利率上行时，存款期限越短越好；而当利率下行时，存款期限越长越好。

每月定期存款单期限可以设为一年，每月都这么做，一年下来你就会有12张一年期的定期存款单。当从第二年起，每个月都会有一张存单到期，如果有急用，就可以使用，也不会损失存款利息；当然，如果没有急用的话这些存单可以自动续存，而且从第二年起可以把每月要存的钱添加到当月到期的这张存单中，继续滚动存款，每到一个月就把当月要存的钱添加到当月到期的存款单中，重新做一张存款单。

当然，如果你有更好的耐性的话，还可以尝试"24存单法""36存单法"，原理与"12存单法"完全相同，不过每张存单的周期变成了两或三年。这样做的好处是，你能得到每张存单两或三年定期的存款利率，这样可以获得较多的利息，但也可能在没完成一个存款周期时出现资金周转困难，这需要根据自己的资金状况调整。

（2）阶梯存款法

一种与12存单法相类似的存款方法，这种方法比较适合与12存单法配合使用，尤其适合年终奖金（或其他单项大笔收入）。具体操作方法：假如年终奖金发了5万元，可以把这5万元奖金分为均等5份，各按1年、2年、3年、4年、5年定期存5份存款。

当一年过后，把到期的一年定期存单续存，并改为五年定期，第二年过后，则把到期的两年定期存单续存并改为五年定期，以此类推，5年后你的5张存单就都变成5年期的定期存单，这样每年都会有一张存单到期。这种储蓄方法是等量保持平衡，既可以跟上利率调整，又能获取5年期存款的高利息，也是一种中长期投资，适合家庭为子女积累教育基金和未来子女的婚嫁资金等。假如把一年一度的"阶梯存款法"与每月进行的"12存单法"相结合，那就是"绝配"了！

（3）存单四分存储法

如果你的家庭现有10万元，并且在一年之内有急用，但每次用钱的具体金额、时间不能确定，而且还想既让钱获取"高利"，又不因用一次钱便动用全部存款，那你最好选择存单四分法，即把存单存成四张，这种方法可以降低损失。

具体操作步骤为：把10万元分别存成四张存单，但金额要一个比一个大，应注意适应性，可以把10万元分别存成1万元的1张，2万元的1张，3万元的1张，4万元的1张，当然也可以把10万元存成更多的存单。如果存单过多则不利于保管，还是最好在确定好金额后，把钱存成四张存单，在存款时最好都选择1年期限的。把10万元分成四张存单存储，这样一来，假如有1万元需要周转，只要动用1万元的存单便可以了，避免了需要1万元，也要动用"大"存单，减少了不必要的损失。

（4）巧用通知存款

通知存款很适合手头有大笔资金准备用于近期（3个月以内）开支的。假如手中有10万元现金，拟于近期首付住房贷款，但是又不想把10万元简简单单存个活期损失利息，这时就可以存7天通知存款。这样既保证了用款时的需要，又可享受比活期存款高一些的利率，相对而言，通知存款的收益则要比活期高出许多。

当然，如果你购买了7天通知存款，若你在向银行发出支取通知后，未满7天即前往支取，则支取金额的利息按照活期存款利率计算。此外，办理通知手续后逾期支取的，支取部分也要按活期存款利率计息；支取金额不足或超过约定金额的，不足或超过部分按活期存款利率计息；支取金额不足最低支取金额的，按活期存款利率计息；办理通知手续而不支取或在通知期限内取消通知的，通知期限内不计息。关键是存款的支取时间、方式和金额都要与事先的约定一致，才能保证预期利息不会遭到损失。

（5）利滚利存款法

要使存本取息定期储蓄生息效果最好，就得与零存整取等结合使用，产生"利滚利"的效果，这就是利滚利存储法，又称"驴打滚存储法"。这是存本取息储蓄和零存整取储蓄有机结合的一种储蓄方法。利滚利存储法先将固定的资金以存本取息形式定期存起来，然后将每月的利息以零存整取的形式储蓄起来，这样就获得了二次利息了。

总之，对于储蓄而言，利息最大化的窍门就是存期越长、利息越高。所以，在其他方面不受影响的前提下，尽可能地将存期延长，收益自然就越大。但在利率不断变化的现今，女性朋友们还应根据自身的需要，适当地调整存期。

3. 不同人群的储蓄方案

储蓄未必能成富翁，但不储蓄一定成不了富翁。许多人忽视了合理储蓄在投资中的重要性，错误地认为只要做好投资，储蓄与否并不重要。其实，储蓄是投资之本，尤其是对于一个工薪族来说更是如此。如果一个人下个月的薪水还没有领到，这个月的薪水就已经花光，或是到处向人借钱，那这个人就不具备资格自己经营事业。要想成功投资，就必须学会合理地储蓄。

而在时下相对低利率的时代，单纯的活期或定期储蓄利息收益其实是微乎其微的。如何在保证收益的同时，又能兼顾用钱的灵活性呢？金融专家为我们设计了以下五套方案：

（1）中等收入家庭首选的大小单储蓄

假定手中有5万元现金，可以把它平均分成两份，每份2.5万元，然后分别将其存成半年和一年的定期存款。半年后，将到期的半年期存款改存成一年期的存款，并将两张一年期的存单都设定成自动转存。这样交替储蓄，循环周期为半年，每半年就会有一张一年期的存款到期可取，这也可以让自己有钱应备急用。

在中国许多中等收入家庭偏好存款，家中都会有一些小额闲置资金，而对基金、股市之类的投资不太感兴趣，所以此种方法较适合这些家庭。

（2）大额投资者的驿站利滚利储蓄

如果手中有一笔数额较大的闲置资金，可以选择将这笔钱存成存本取息的储蓄，在一个月后，取出这笔存款第一个月的利息，然后再开设一个零存整取的储蓄账户把所取出来的利息存到里面，以后每个月固定把第一个账户中产生的利息取出存入零存整取账户，这样不仅存本取息储蓄得到了利息，而且其利息再参加零存整取储蓄后又取得了新的利息。此外，还有7天通知存款（利率为1.35%）和1天通知存款（利率为0.81%）都是存取灵活、收益相对较高的储蓄品种。如农业银行的"双利丰"个人通知存款，就是将个人通知存款自动转存，以及本外币活期存款与个人通知存款之间的自动转存绑定起来。客户与银行签订协议后，即视为客户每笔"双利丰"个人通知存款自开户之日起每7天向银行发出支取通知，银行按7天个人通知存款自动转存并计算复利。

有许多投资者手握着大额资金，但由于某投资领域形势不好暂时将资金搁置，就选择了此种方式存起来。大额资金利息较多，所以此方法可以让钱生钱。

（3）有支出计划人士以切割储蓄为主

假定有10万元现金，可以将它分成不同额度的4份，分别是1万元、2万元、3万元、4万元，然后将这4张存单都存成一年期的定期存款。在一年之内不管什么时候需要用钱，都可以取出和所需金额数接近的那张存单，剩下的可以继续享受定期利息。这样既能满足用钱需求，也能最大限度地得到利息收入。

这种方法适用于在一年之内有用钱预期，但不确定何时使用、一次用多少的小额度闲置资金。用分份储蓄法不仅利息会比存活期储蓄高很多，而且在用钱的时候也能以最小的损失取出所需的资金。

（4）年轻白领阶层最爱的循环储蓄

每月发工资以后，根据自己的情况把一部分钱整存整取一年期，这样一年下来就有12张单子，一年以后就会每个月都有一张单子到期，把那张到期单子的钱取出来再加上当月要存的钱一起再存起来，这样既不会在用钱的时候没有单子，同时到期也享受了比活期高的利息。比如，每月结余2000元，如果放在工资卡里按活期利息0.36%算，一年后有24126元，而按照上述方法存的话，一年期整存整取利息2.25%就有24540元，利息上就会多出来414元。

年轻白领一族存款不多，收入主要以工资为主，却面临着结婚、买车、购房等随时会有大笔消费的情况。绝大多数白领的工资都直接打在卡上，通常是用多少取多少，每月结余部分放在卡里吃活期利息。这样不利于资本的积累，也让自己在利息上受到损失。

（5）零存整取让你摆脱"月光族"

零存整取是每月固定存额，一般5元起存，存期分1年、3年、5年，存款金额由储户自定，每月存入一次，到期支取本息。中途如有漏存，应在次月补齐，未补存者，到期支取时按实存金额和实际存期，以活期利率计算利息。

零存整取可以说是一种强制存款的方法，每月固定存入相同金额的钱，养成一种"节流"的好习惯，可以严格地控制自己的消费。

女性朋友们根据自身的情况选择适合自己的储蓄方式，将可有效地增加你的财富资本，从而使你一步步地走向富翁，也让你的生活多"资"多"财"。

4. 回避储蓄的误区

传统的观点一般认为，中国人有节俭的习惯，把节俭当作美德，当然会选择把钱存到银行。当你进行储蓄的时候，你是否已经走入了误区呢？

误区一：存期越长越好。

现行的存款种类中，从活期存款到存期最长的定期5年存款，利率和存期成正比，存期越长，利率越高。这样，许多储户往往认为存期越长越合算，而没有仔细考虑自己预期的使用时间，盲目地把余钱全都存成长期，如果急需用钱，办理提前支取，就出现了"存期越长，利息越吃亏"的现象。

其实，目前存款期限长短对利率的影响已经不大。半年期、一年期、三年期和五年期利率的差距已下降到很小了。短期存款流动性强，到期后马上可以重新存入或投资别的理财产品。所以，定期存款宜选择短期。

张先生是一位退休职工，因看到利率表上存期越长利息越高，便把多年的积蓄全存成了5年期存款。当时他只考虑让手中的钱最大限度地增值，却没有考虑到随着自己年龄的增加，生病住院的可能也相应增大。不久前，张先生因病住院，需支付医疗费两万多元，无奈只好把存了5年的存款办理了提前支取。按储蓄条例规定，存款的提前支取按活期计息，两万元存了2年只得100多元的利息。

如果当时张先生做好预期开支，并根据自身情况选择期限较为短些的2年期或先存一个1年期，到期再转存1年，同样是现在支取，利息就大不一样了。因此，如何根据自己的实际情况，选择一个合适的存期，对于家庭理财来说，是非常重要的。

有的储户参加储蓄，是为了给子女准备上大学、结婚、攒钱购房等远期消费，这样你不妨把钱存成长期储蓄，既不妨碍到期使用，又可取得较高的利息收益。

有的储户参加储蓄，是为了应付生老病死等不可预期性开支，应尽量少存长期，可根据自己的收入情况，采用中期、短期、活期相结合的原则，选择存期，以备应付急用。

银行储蓄，看似存存取取，其实里面也有许多学问，只有根据自身情况，精打细算，合理选择好存期，才能当好家，理好财，使家庭积蓄达到保值增值的目的。

另外，我们随时会遇到加息或降息的情况，存款时怎么考虑这种情况呢？如果预测未来利率呈上升趋势，则目前应多存短期，少存长期。如果预测未来利率呈下降趋势，则目前应多存长期，少存短期。

误区二：存款宜过于集中。

这里说的集中和分散，既指每笔存单的金额，又指存单到期的期限。每笔存单的金额过大就可能在需要用其中一部分钱的时候遭受损失。

　　　刘女士一笔一年期整存整取的存单有10万元，现在她急需5万元，除了从这10万元里提取没有别的方法，那么，只能是提前支取其中的5万元，另外剩下的5万元只能按活期利息计算了。但是如果刘女士把这10万元分成两张5万元或者更多的单子，用多少取多少，就不会造成这样的损失了。

　　但是，是不是存了多张单子就一定不会造成损失呢？当然不是。这就涉及存单到期的期限问题。还是上面的例子，刘女士这10万元存成了两张5万元的单子，都是在一月份同时存的一年期整存整取，但是到了同年6月份，需要其中的5万元，所以只好损失其中一张单子的利息了。但是如果刘女士在6月份正好有一张单子到期呢，不就不会有损失了吗！

　　误区三：储蓄存款没有意义。

　　有些人觉得，有时银行连续下调利率，影响了居民储蓄存款的实际收益，储蓄存款已经没有什么意义了。

　　其实，利率下调并不一定使存款的实际收益减少了。当利率下调但利率水平仍高于同期物价涨幅时，存款者的实际收益仍然存在，甚至可能增加。只有当物价涨幅等于或高于同期存款利率水平时，存款者的实际收益才不复存在。

　　同时，虽然利率下调，但储蓄与保存现金相比具有很大的优越性：储蓄可以获得利息收入，而保存现金没有任何收入；储蓄有利于培养科学合理的生活习惯，建立文明健康的生活方式。保存现金无助于养成好的生活习惯。

误区四：存单加了密码就万无一失。

储户到银行存款，一般都要预留密码，以防存折丢失或失窃被人冒领。因此，不少储户简单地认为：只要密码不被人知道，存款就如同上了保险一样万无一失，因而忽视了对存单的保管。

目前我国银行都开办有一种特殊业务：对于活期存折，储户凭存折和身份证、户口簿等有效证件可办理查询密码。储户如果存单与有效证件一同丢失，存单即使留有密码，也难免被冒领。

所以，储蓄存单不宜和有效身份证件放在一起。储蓄存单要与身份证、印章等分开保管，以防被盗用后犯罪分子支取。

误区五：存单自动转存就安全。

自动转存的定期存单，如果储户未办理约定转存确定控制方式的，支取时银行按逾期支取办理，不需要身份证就可支取存款。因此，储户对自动转存的定期存单在未办理支控手续前，一定要保管严密，不能大意，一旦丢失要立即办理挂失止付手续，否则存单丢失就难以保障安全。

误区六：储蓄挂失了存单就不会被人冒领。

储户遗失存单或存折时，向银行申请挂失，以防冒领。挂失止付有效期为7天，7天后按照存款人的意愿，储蓄机构可以重新开出新存单或存折，或支付存款本金和利息。

5. 如何避免储蓄风险

在很大一部分女性朋友们看来，储蓄一直是最稳健的也是最安全的投资理财方式。但安全不等于没有风险，只不过储蓄风险和其他的投资风险有所不同。一般而言，投资风险是指不能获得预期的投资报酬以及投资的资本发生损失的可能性。而储蓄风险是指不能获得预期的储蓄利息收入，或由于通货膨胀而引起的储蓄本金的损失。

（1）预期的利息收益发生损失

①存款提前支取

根据目前的储蓄条例规定，存款若提前支取，利息只能按支取日挂牌的活期存款利率支付。这样，存款人若提前支取未到期的定期存款，就会损失一笔利息收入。存款额越大，离到期日越近，提前支取存款所导致的利息损失也就越大。

②存款种类选错导致存款利息减少

储户在选择存款种类时应根据自己的具体情况做出正确的抉择。如选择不当，也会引起不必要的损失。例如，有许多储户为图方便，将大量资金存入活期存款账户或信用卡账户，这样一来所得的利息都是按照活期计算，所存的时间越长，其中利息损失也就越多。也有一些用户喜欢定活两便储蓄，认为其既有活期储蓄随时可取的便利，又可享受定期储蓄的较高利息。但根据现行规定，定活两便储蓄利率按同档次的整存整取定期储蓄存款利率打六折，所以从多获利息角度考虑，宜尽量选整存整取定期储蓄。

（2）存款本金的损失

存款本金的损失，主要是在通货膨胀严重的情况下，如存款利率低于通货膨胀率，即会出现负利率，存款的实际收益小，此时若无保值贴补，存款的本金就会发生损失。

因此，为了防范储蓄风险，女性朋友们需要对存款方式进行正确的组合，以获得最大的利息收入，从而减少储蓄所带来的风险，特别是在通货膨胀率特别高的今天，更应积极进行投资，将部分资金投资于收益相对较高的品种。以下几点可帮我们有效地避免储蓄风险，减少损失：

①如无特殊需要或有把握的高收益投资机会，不要轻易将已存入银行一段时间的定期存款随意取出。因为，即使在物价上涨较快、银行存款利率低于物价上涨率而出现负利率的时候，银行存款还是按票面利率计算利息的。如果不存银行，也不买国债或进行别的投资，现金放在家里，那么连名义利息都没有，损失将更大。

②若存入定期存款一段时间后，遇到比定期存款收益更高的投资机会，如国债或其他债券的发行等，储户可将继续持有定期存款与取出存款改作其他投资两者之间的实际收益做一番计算比较，从中选取总体收益较高的投资方式。如果三年期凭证式国债发行时，因该国债的利率高于五年期银行存款的利率，我们就

应该取出原已存入银行的三年或五年的定期存款，去购买三年期的国债。对于不足半年的储户来说，这样做的结果是收益大于损失。但对于那些定期存单即将到期的储户来说，用提前支取的存款来购买国债，损失将大于收益。

③在市场利率水平较低，或利率有可能调高的情况下，对于已到期的存款，可选择其他收益率较高的方式进行投资，也可选择期限较短的储蓄品种继续转存，以等待更好的投资机会，或等存款利率上调后，再将到期的短期定期存款改为期限较长的储蓄品种。

④在利率水平较高或当期利率水平可能高于未来利率水平，即利率水平可能下调的情况下，对于不具备灵活投资时间的人来说，继续转存定期储蓄是较为理想的。因为，在利率水平较高、利率可能下调的情况下，存入较长期限的定期存款意味着可获得较高的利息收入。利息收入是按存入日的利率计算的，在利率调低前存入的定期存款，在整个存期内都是按原存入日的利率水平计付利息的，可获得的利息收入就较高。

而且在利率水平较高、利率有可能调低的情况下，金融市场上有价证券，如股票、国债、企业债券等往往处于价格较低、收益率相对较高的水平，如果利率下调，将会进一步推动股票、债券价格的上升。因此，在利率可能下调的条件下，对于具有一定投资经验，并能灵活掌握投资时间的投资者，也可将已到期的存款取出，有选择地购买一些债券和股票，待利率下调，股票和债券的价格上升后再抛出，可获得更高的投资收益。当然，利率下调并不意味着所有有价证券都会同步同幅地上升，其中有些证券升幅较大，有些升幅较小，甚至可能不升，投资前你应该做一个详细的考察和分析。

⑤对于已到期的定期存款，应对利率水平及利率走势、存款的利息收益率与其他投资方式收益率进行比较，还要把储蓄存款与其他投资方式在安全、便利、灵活性等各方面情况进行综合比较，结合每个人的实际情况进行重新选择。

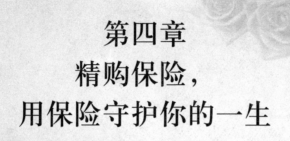

第四章
精购保险，
用保险守护你的一生

很多女人理财的时候，由于对保险不了解，以为买保险都是消费掉了。其实，投资保险是现代家庭不可或缺的理财项目。没有足够的保险，就没有保险的人生。女性要想生活幸福，就应将保险支出列为最重要最优先的一笔投资，为将来的幸福做个最妥善的安排。

1. 女性更应该购买保险

令人生厌的电话营销，死缠烂打的保险代理人……还有天书般难懂的保险合同，签单后就不见人影的客服人员，经常被新闻报道的那些理赔难的案例……总之，跟保险沾边的事儿总不让人舒服，以致你不想购买保险。可是你是否想过以下问题：

不管单身还是结婚，如果哪天自己生了病，你该怎么办呢？

婚后，如果自己病倒了，先生要请假来照顾你，那谁来维持一家生计呢？如果自己比先生长寿，又没有一儿半女，那谁来照顾自己？

女性都是身兼数职，每天忙忙碌碌——关心家人、守护家人，但却常忘了要保护自己。据科学论证，女性一生各个生理周期变化，远远要比男性更容易引起各类疾病，特别是妇科疾病的发生。同时还不应忽视的一个事实是，今日的女性和男性一样，既要面对人生不同阶段的挑战，又要为实现理想而打拼。因而女人们都该买下个可以"保护"自己的保险来"守护"自己。具体来说，女人有充分的理由去购买保险。

理由一：女人的寿命比男人长。

依你的观察，请问在你的周围，公公比较多，还是婆婆比较多？这个事实对你有什么启示呢？根据世界上大多数国家的人口统计结果显示，女人的寿命平均比男人长5—10年，也就是说，每个女人都有可能会做5—10年的寡妇后才死去。而在这最后的数年中，女人们没有丈夫可依靠，所有的衣、食、住、行都需要自己解决，但是，届时你已年老，根本没有挣钱的能力，那么，解决这个问题的唯一方法就是在年轻的时候就存足够的钱。这就又产生了一个问题，女人们应该将老年的保命钱存在哪里？是银行还是保险公司？

如果存在银行，抛开银行利率很有可能没有通货膨胀率高的可能性不说，还很有可能因为人生的一些重大突发事件而挪用这笔钱，那么，等到你年老时的保障也就消失了。但人寿保险不同，它不仅是系统化和有规律的很好的储蓄投资方法，而且能够实现专款专用，保证你年老时一定会有一笔钱可以来养老。

理由二：女人的生理功能比男人多。

有一句名言说得好："女人你是最伟大的，因为你是母亲!"母亲意味着女人要比男人多一层责任，女人要怀胎十月，生儿育女。正是因为女人的生理功能比男人多，所以就可能患上一些只有女人才会得的病，有时候甚至失去生命，如梅艳芳。但问题是，当疾病真找上你时，你是否有足够的钱去医治它呢？一般来说，女性大病的医疗费用都在10万元以上，那么，女人们是否已经为这种风险做好了准备呢？其实，"女人大病保险"就是女人们防范这种风险的最好工具。

理由三：女人的魅力会随着时间的流逝而降低。

女人要不断自我增值，才能永葆青春！"20岁的女人比脸蛋，30岁的女人比魅力，40岁的女人比身段，50岁的女人比韵味，60岁的女人比身价。"所以，从现在开始就应该为自己以后做打算，不断提高自己的身价，自我增值！

理由四：保险是可以依靠的伴侣。

男人可能会变心，会辜负你；孩子会有自己的家庭和生活，可能会有自顾不暇的时候。无论是男人还是子女，可能都不能让女人永远依靠。但保险却是女人最放心的依赖，是一位从来不会背叛的伴侣。它从来不会扔下女性不管，风风雨雨中总是静静地伴随着女性，永远提供一个温暖的怀抱呵护着你。

理由五：保险是陪伴你终生的朋友。

世事变迁，女人曾经生命中的朋友往往会散落天涯。当你需要帮助的时候，他们或许不知道，或许有心无力，但是保险却能够在某些方面给予女人及时的帮助，扶持着女人走过苦难。并且，保险陪伴女人的不是一时或一段时光，而是一生。

理由六：保险是女人爱的体现。

有了保险的女人身价倍涨。一旦因意外需要改变生活的时候，保险给你带来的是身价和尊严，给你带来的是更多的选择和主动，拥有保险的女人更是女性能力和地位提升的体现。

理由七：保险好比结婚的合同。

女人与男人结婚是两个活生生的主体，虽然有了一本《结婚证》做保证，但这份保证不一定永久牢固，会因一方的违约而终止合同。而保险与女人的结合完全不同，保险自始至终是忠诚的，永远聆听女主人的使唤，是一个永远不会违约的保护者。

理由八：保险是女性保持青春的礼品。

在女人眼里，化妆品是青春的代名词，但这只是女人皮肤以外的美丽，而保险给女人带来更多的是安心和无忧，充足的睡眠和愉悦的心情，更能体现出女人皮肤以内的美丽，这份美丽更长久，更动人，更可爱！许多女人认为，拥有这样的青春，优哉游哉，不亦乐乎。

理由九：保险是女性智慧的象征。

在中国台湾地区，女人对自己个人金融资产的投入兴趣比例为：购保险56%，存款52%，投资26%。在日本，聪明的女人选择男朋友要求"三高"：一要小伙子会读书，智商高；二要个子高，意味着将来孩子的基因比较好；三要保障高，意味着男朋友家庭有钱又有爱心和责任。女人自己也认为往往在谈恋爱时最会迷失方向，但对安全和金钱考虑并不比男人差，在单位里管财务的女人比男人多就可见一斑。

理由十：保险是一份实实在在的保障。

在很多女人看来，钻石让生活充满诗意，保险让生活得到保证。许多女孩子爱钻石，更爱保险，保险在女性眼里是实在的，平时可当作强制性储蓄，把钱管牢；一旦生病住院时可以报销医药费，减少家庭损失；万一发生意外时，大笔按揭贷款有人偿还；投资时可以获得稳定的收益，没有半点损失，而且免交所得税，这种满足感，是对女人最大的帮助。

看吧，保险之于女人竟然有这么多的好处，会给女人带来这么多的收益，那么你还等什么呢？赶快为自己投资保险，好好爱自己吧！

2. 女人都该拥有的保险

　　保险是现代生活的必需品，没有保险的你是一个财务上的
"裸奔"者，一点小的刮蹭都很容易受伤，使你陷入困境。但若
你购买了保险，作为华丽外衣的股票等高风险产品一旦被当掉，
那至少还有保险帮你遮羞。

　　那么，当女人们决定不再"裸奔"时，如何规划自己的保险
投资，以有效应对人生的各种风险呢？以下内容可供借鉴：

　　（1）女人要有女性独有的健康险

　　一般来说，女性特定部位原位癌、类风湿关节炎等都不在普
通重疾险的理财范围之内，而这些疾病又是女性的多发病，并且
治疗起来往往需要较多的资金。因此，女人们应该为自己购买女
性疾病险，以抵御这些风险。

　　你需了解的是，在女性疾病中，各类产品对女性原位癌的
承保范围基本相同，一般会包括乳腺、子宫颈、子宫、卵巢、阴
道、输卵管和外阴7个部位。而系统性红斑狼疮的理赔条件往往
因保险公司而异。因此，在购买女性疾病险时，女人一定要问清
楚原位癌和系统性红斑狼疮的理赔条件是什么？是否确认给付，
理赔是否还需要附加其他条件等。

　　除了女性疾病险，生育险也是女性所特有的保险，这类保险
主要是针对妊娠期疾病、新生儿疾病、分娩身故等风险的保障。

当这些风险发生的时候，保险公司按照保险合同进行理赔。需提醒的是，女性们在购买生育保险时一定要仔细比较，因为各家保险公司在其规定上有较大的差异。

（2）重疾险要搭配医疗险

重大疾病险的理赔范围虽将女性特有疾病排除在外，但它却是面向大众的基础健康险，女人们对其同样不能忽略。要知道，一旦得了常见的重大疾病，它就是女人们获得有效医治的保障。

购买此类产品时，女性朋友们可以根据是否参加社会基本医疗保险搭配费用型医疗保险或津贴型医疗险。

一般而言，如果你有社会医疗保障，那么可选择重大疾病险搭配住院补贴保险；如果你没有社会医疗保障，则应选择重大疾病保险搭配住院费用保险为宜。

值得注意的是，健康险是补贴险，而非收益险，重复购买并不能带给女人们更多的收益，因此女人们没有必要浪费钱重复购买健康险。

（3）意外险不能忘记

大多数女性认为自己将生活控制在安全范围内，发生意外的概率很低，所以认为没有必要购买意外险。其实，这种做法并不明智。所谓意外就是在你认为安全的情况下发生事故，即使概率低也还是有发生的可能性。因此，女人最好将意外险也纳入保险投资的考虑之内。

在购买意外险时，女人们最好能附加意外医疗险，因为意外险的赔付条件往往是意外身故或发生七级以上伤残。也就是说，如果意外受伤但不致伤残，那就无法得到理赔。如果附加上意外医疗险后，不仅能让受益人得到意外伤害的赔偿，还能得到医疗保险金。

（4）女性寿命长，养老保险有必要

女性的寿命比男性长，因此，女人为自己购买养老保险为晚年增加一份保障是非常有必要的。

现今，市场上的养老保险产品非常多，具体规定也千差万别。女人们在挑选时应多考虑以下几方面：首先，由于养老保险期限较长，因此，女人们最好选择规模大、实力强的保险公司和长期从事保险工作且认真负责的保险代理人进行投保；其次，为了避免通货膨胀所带来的风险，女人们最好选择分红型养老年金，这样能够分享保险公司的收益，保证养老金不因多年的通货膨胀而缩水；最后，要看清保险条款中是否有事故豁免条款，还有历史分红情况如何等都要纳入考虑的范围。

当然，如果你的收入非常可观，而且已经有了基本保险，那么为了让自己老年生活更加富足，你可以考虑为自己增加高额寿险保障和投连险。但是，投资保险也不要过度，累计年保险费一般不应超过年收入的10%。

3. 未雨绸缪，养老规划早动手

年轻的时候我们从未体会年老是一种什么境况，所以很多年轻女性都觉得养老保险是杞人忧天。但事实上，从年轻时就开始做好养老保险才是明智女人的选择。

作为女人，要为自己投一份养老保险，你应从以下几点入手：

（1）选择合适的养老险种

养老保险是投保人按期缴付保险费，到特定年限时按照约定的领取方式、领取年限开始领取养老金。如果养老年金受领者在领取年龄前死亡，保险公司或者退还所缴保险费和现金价值中较高者，或者按照规定的保额给付保险金。此外，有的养老保险具有分红功能。养老保险适合理财风格保守的人群。目前市场上销售的养老保险有传统型、分红型、万能险、投连险，消费者可以根据自身的情况进行选择。

传统型养老保险的预定利率是确定的，因此日后在什么时间领多少钱是投保时就可以确知的，这一类型适合于理财风格保守、不愿承担风险的人群。

分红型养老保险一般有保底的预定利率，但往往低于传统险。值得关注的是，分红险在预定利率之外还有不确定的分红利益。它主要起到抵消通货膨胀影响的作用。分红又分为现金分红和保额分红两类，现金分红在每年可直接兑现，保额分红从长期积累的角度看保障作用更为明显。

万能险大多也有保证收益，一般在2%—2.5%，有的也与银行一年期定期利息挂钩。它缴费、保额都比较灵活，对收入不稳定的人群比较适合，相应的其强制性理财的功能也就弱一些。

投连险是各型产品中投资风险最高的一类，当然风险与收益同在，也是最有可能获得较高收益的一类。它不设保底收益，保险公司只是收取账户管理费，盈亏由客户全部自负。保险公司为客户设立有不同风格的理财账户组合，其资金按一定比例搭配投资于风险不同的金融产品。投连险投资性较强，而养老保障的稳定性、可靠性较弱，适合风险意识强、收入较高的人群。

（2）确定养老保险金额

消费者可以根据自己的养老规划来确定养老保险的保险金额。

首先，确定实际需求的养老金额，这取决于三个因素：寿命长短、现在的生活水平、通货膨胀的预测。假如，你预计60岁退休，预期寿命为80岁，每月的支出为2000元，你将来需要的养老金额为：$2000 \times 12 \times 20 = 48$（万元）。如果考虑通货膨胀因素，就还会多一些。

一般而言，高收入者可主要依靠商业养老保险保障养老，社会养老保险及其他投资收益作为补充；中低收入家庭，可主要依靠社会养老保险养老，商业养老保险作为补充。

其次，确定老年资金需求缺口。老年的资金需求可以从社保养老金、企业年金、养老金、固定投资收益、股息分红等渠道获得。消费者可以根据商业养老金在实际所需要的养老金额中所占比例来确定老年资金缺口。

最后，确定实际的养老保险保额。收入水平和资金状况决定了消费者所能承担的养老保险水平。

（3）确定缴费方式和缴费期限

养老保险的缴费方式有趸缴和期缴两种方式。趸缴方式的养老保险相对较少，而期缴的养老保险相对来说具有约束消费者储蓄的功能，所以一般消费者选择期缴方式。

由于在相同的保额水平下，缴费年限越短，总的支付金额越少。所以在经济能力允许的情况下，消费者可以尽量选择较短的缴费年限。

（4）确定领取时间、方式及年限

商业养老保险的领取时间提供了多种选择，并且在没有开始领取之前可以更改。年金领取的起始时间通常集中在被保险人50周岁、55周岁、60周岁、65周岁这4个年龄段，也有更早或更晚的。消费者可以根据实际情况选择合适的养老保险领取时间。

养老保险的领取方式有建领、期领、定额领取三种方式。定领是在约定领取时间，把所有的养老金一次性全部提走的方式。期领是在一段时间内每年或者每个月定期领取养老金。大多数消费者还是喜欢选择期领的方式，比较符合人们的习惯。

定额领取的方式和社保养老金相同，即在单位时间确定领取额度，直至将保险金全部领取完毕。

养老保险的领取年限有终身领取和保证领取两种方式。终身领取养老金虽然说是终身，但一般终止年龄为88岁或者100岁。保证领取年金一般承诺10年或者20年的保证领取期。若被保险人没有领满10年或20年的保证领取期，其受益人可以继续将保证年期内的余额领取完毕。

（5）购买养老年金保险的原则

①组合原则。从一定意义上讲，年金保险只是保障老年生活中经济收入的一部分，但是由于老年人容易出现较大的医疗支出，而年金保险不能保证这些大的费用支出的可行性。因此购买年金保险时一定要搭配一些意外、医疗保险，才能真正抵御风险。

②综合比较原则。年金保险整个时间达到几十年，如果通货膨胀率走高，那么日后拿到的年金就会贬值。目前市场上的年

金产品多为定额给付型，即在投保时就已确定未来每年可领取的年金额度。但成长型年金养老计划，在保证资金安全增值的同时，无论在年金积累期或是年金领取期，都以分红的形式不断增加年金领取额度，并不设上限，可以充分抵御通货膨胀的风险。

③及早购买原则。保费与投保年龄是成正比的，越早购买，负担越小，如果等到将近退休的年龄才开始考虑购买保险，那时需要支出相当大的费用，有可能会给生活带来较大的负担。

4. 购买保险的七大原则

越来越多的女性已经明白了保险的重要性，并进行了购买，可是也有一些女性朋友因当初购买时轻信代理人之言，而没有慎重地选择，结果牵扯出了许多麻烦。

8年前王女士与先生分别购了一份康宁终生险保。其实，当初他们有买保险的计划，但对于买什么保险正在考虑之中。恰巧有一朋友的姐姐是做保险的，他们心想：买别人的也是买，不如买自己熟悉的人所推销的。一方面因为是自己人，觉得她会为他们做最好的安排；另一方面，他们觉得卖个人情，让她顺利完成推销业务。可是，今年王女士的丈

夫突发心梗，花费了大量的医疗费用。王女士拿着账单找到
保险公司时，保险公司声称，该业务员已经离职，且他们的
投保项目不包括心梗这一项，所以拒绝理赔。最后还终止了
合同，只退还保单的现金价值。

其实，这种购买了多年保险，等到理赔时却被告知无法赔
偿的事有很多，这与我国保险推销员为了提升业绩而夸大说法
有关，但更重要的是，我们在购买保险时太过草率，没有对自
己所购买的保险把好关，稀里糊涂地买了一份就不断往里塞
钱，却不知等到有一天自己真遇到事时，能否得到合理的赔
偿。所以，女性朋友们在购买保险时，应慎重地把握好以下几
个原则：

（1）选择实力强的保险公司

购买保险前，勤跑多问，寻找资本雄厚、服务优质的保险公
司，可减少日后麻烦，保障自己的合法权益。一般来说，选择保
险公司要考虑三方面因素：

①公司实力

保险公司是否有实力直接关系到投保人能否得到赔偿或给
付的问题。试想，如果一家保险公司实力不强，等保险合约到期
时，这家公司都已经破产了，投保人的权益何以保证？所以，投
保人应选择信誉好、实力强的保险公司。对保险公司实力的评价
可参考公司的资产总值，同时，还要考虑公司的总保费收入、营
业网络、保单数量、员工人数和过去的业绩等。

②产品种类

一家好的保险公司提供的保险产品应具备以下几个条件：

一是产品种类齐全；二是产品灵活性高，如在保险期限、缴费方式、优惠条款等方面，可为投保人提供更大的便利条件；三是竞争力强，体现在产品能提供的服务方面。

③服务质量

投保人在选择保险公司时，要从两个方面了解其服务质量：一是从其代理人获得的服务；二是从公司本部获得的服务。前者的服务质量，可以推断保险公司对代理人的培训力度与管理水平；后者对于投保人来说更为重要，尤其是购买时，一旦与保险公司订立保险合同，就会长期与该公司打交道。保险公司在服务方面的任何一点不足，都可能影响投保人几十年。

（2）选择合格的代理人

保险是非常抽象化的产品，女性面对纷繁的产品和条款很难做出正确的选择，只有选择一个合格的保险代理人才能购买合适的产品。

一个合格的代理人应持有"保险代理人资格证书"和"保险代理人执业证书"，而且只能正式受聘于一家保险公司，并在《保险法》和保险公司规定下开展业务。

代理人除应具有很强的专业知识外，还要对所有保险条款以及相关法规理解透彻，能主动根据不同层次客户的经济能力、家庭现状特点、成员风险分担和保险需求等综合因素，为客户量身定制保险方案。同时，能处理好保险保障、银行储蓄和投资（金融证券投资和实业投资）之间的关系和比例，并在索赔时为客户提供专业意见。

除了应具备较强的专业知识，代理人还应具备良好的服务意识。如果代理人急功近利，毫无耐心，不注重细节，不愿意倾听客户的意见，那么他的服务意识是值得怀疑的。

（3）根据自身需求选择险种

随着保险公司竞争的加剧，国内的保险产品越来越丰富，面对形形色色的保险产品，你知道该如何去选择吗？

其实，保险本身并没有好坏之分，关键在于应根据自己的需求进行选择：如果你是为了防止意外或疾病身故时家人衣食无忧，可以选择意外和人寿保险；如果是为了减轻疾病对家庭的负担，则选择重大疾病和医疗保险；如果是为了退休后准备一笔养老金，年金类产品不失为一种较好的选择；若是筹备子女的教育经费，则以选择教育金等储蓄性的产品为宜。

此外，在单身期、家庭形成期、家庭成长期、子女大学教育期以及家庭成熟期和退休期等人生不同阶段对保险的选择也是大不相同的。

（4）务必读懂保险合同

为了说服客户购买保险，一些保险代理人往往夸大保险责任，而对保险以外的责任避而不谈。有些女性在保险代理人的大力推荐下购买保险，可一旦发生事故后，由于不符合保险条款，而得不到理赔。

其实，保险不是无所不保，没根据的承诺或解释是没有任何法律效力的。所以，女性在购买保险时，不要光听介绍，而应该先研究条款中的保险责任和责任免除这两部分，以明确这些保单能提供什么样的保障，再和自己的保险需求相对照，以严防个别保险代理人的误导。

当然，一些保险条款过于专业，女性在购买保险时有可能一时弄不明白，可以向一些内行的人士咨询，以求指导帮助。

（5）认真填写保险单

保险单必须由投保人亲自填写并亲自签字，不要随意由他人代签，以免今后生出麻烦。在填写保险单过程中，如果投保人因疏忽而填错某些项目，如财产的坐落地点、汽车的牌号以及保险人的性别、年龄等，也会在赔款时造成麻烦。因此，投保人须认真填写保险单，以免给自己造成损失或带来不必要的麻烦。

另外，保险公司在承保之前，会要求投保人在保险单上书面告知有关重要事项，投保人应遵守如实告知的义务。如果投保人故意或因过失隐瞒，保险公司将不负赔偿责任，且有权解除合同。如果属故意隐瞒，保险公司还有权不退保费。

（6）按时缴费不要忘

买了保险并不是一劳永逸，还要注意按时缴纳保险费，以保证保单的持续有效。

保费缴纳主要有两种方式，即一次交清全部保费的趸交方式和按年、半年、季、月缴纳的期交方式。从根本上说，并不存在哪一种缴纳方式优惠的问题，而要看哪一种方式对你更合适。

但在投保重大疾病险等健康险时，应尽量选择缴费期长的期交方式。一是因为每次缴费较少，不会给自己带来太大的负担，加之利息等因素，实际成本不一定高于一次缴费的付费方式；二是因为不少保险公司规定，若重大疾病保险金的给付发生在缴费期内，从给付之日起，免缴以后各期保险费，保险合同继续有效。这就是说，如果被保险人缴费第二年身染重疾，选择10年缴，实际保费只付了1/5；若是20年缴，就只支付了1/10的保费。

另外，在付款方式上，保险公司也提供了多种途径供投保人选择，主要有：①保险公司派人上门收费；②投保人自己到保险公司缴纳；③委托银行自动转账。为图方便，一般女性大都选择第三种付款方式。不过，如选择这种付款方式，在保单缴费期间，银行账户上应留足资金，因为保费逾宽限期未交，保单的合同效力即中止，即使申请保单复效也是有期限的。如果你手里的老保单因未交款而失效，是非常可惜的。

（7）尽量避免退保

现在很多人购买保险时，由于考虑不周，过后遇到特殊情况，便不顾后果地进行退保，其实这样做将会给自己带来很大损失。

对于投保人来说，在购买保险后，都会支付一笔费用，这相当于投保人为获得后期的服务而已经提前支付了保费。

如果投保人提前退保，相当于自己虽然已经花了不少的钱，但是却没有得到买保险带来的好处。

再加上提前退保，保险公司不会全额退还保费，而要扣除一定费用。以一款附加重大疾病提前给付的终身寿险为例，第一年保单现金价值仅为保费的10%左右，此时若要退保，会损失近90%的本金。因此，建议女性在投保前深思熟虑，尽量避免退保。

5. 走出保险理财的误区

随着经济发展和保险业的逐步完善，保险与人们的生活越来越密切，人们对保险的态度逐渐好转，将保险作为一种理财方式和经济保障，但是这其中也不乏一些错误的观念。

（1）年轻时不用买保险

年轻女性由于责任不大，因此一般并没有太强的风险意识，认为保险要年纪大一些才考虑。实际上，在保险费上，越年轻买缴费越低，而且可以尽早得到保障，如果你还是单身，购买保险也是对父母负责任的体现。对于没有储蓄观念的年轻女性而言，买保险实际上还有另一项作用——"强制储蓄"，保险还可以帮助你养成良好的消费习惯。

（2）买保险可以"发横财"

保险理财绝对不是"发横财"。通过保险进行理财，是指通过购买保险对资金进行合理安排和规划，防范和避免因疾病或灾难而带来的财务困难，同时可以使资产获得理想的保值和增值。

一般来说，保险产品的主要功能是保障，而一些投资类保险所特有的投资或分红则只是其附带功能，而投资是风险和收益并存的。之前一些购买了投资联结、分红保险等投资类保险的保户发现，收益与预期相差太远，这固然与一些营销员只强调投资收益前景的误导有关，但是一些人购买保险只图赚钱的不成熟投保心态也是一个重要原因。

（3）分红保险可以保证年年分红

分红产品不一定会有红利分配，特别是不能保证年年分红。分红产品的红利来源于保险公司经营分红产品的可分配盈余，包括利差、死差、费差等。其中，保险公司的投资收益率是决定分红率的重要因素，一般而言，投资收益率越高，年度分红率也会越高。但是，投资收益率并非决定年度分红率的唯一因素，年度分红率的高低，还受到费用实际支出情况、死亡实际发生情况等因素的影响。保险公司的每年红利分配要根据业务的实际经营状况来确定，必须符合各项监管法规的要求，并经过会计师事务所的审计。

保户每年可以通过分红业绩报告、电话服务中心及特别通知等方式获知年度分红率，但按照规定，保险公司不得通过公共媒体公布或宣传分红保险的经营成果或者分红水平。

（4）单位买的保险足够了

目前，许多单位都为个人购买了保险，其中社会保险属于强制保险，包括养老、失业、疾病、生育、工伤，但这些保险所提供的只是维持最基本生活水平的保障，不能满足家庭风险管理规划和较高质量的退休生活。有些单位购买一些团体医疗或养老保险，由于规模效益，保费比个人购买要低一些，但如果你离开单位则不能再获保障，而且也不是所有单位都提供这些商业保险。因此建议个人还是应该拥有自己的持续、完善的保险保障。

（5）买保险要先给孩子买

重孩子轻大人是很多家庭买保险时容易犯的错误。孩子当然重要，但是保险理财风险的规避，大人发生意外，对家庭造成的财务损失和影响要远远高于孩子。因此，正确的保险理财原则应该是首先为大人购买寿险、意外险等保障功能强的产品，然后再为孩子按照需要买些健康、教育类的保险产品。在资金投入上，应该是给大人，特别是家庭经济支柱投入越多越好。

（6）重复投保，相当于双保险

寿险中的住院医疗、车险中车损险、家庭财产险等，都属于多卖不多赔的险种。而保险公司定损也是按实际情况确定赔偿金

额，如类似医疗费用保险等产品都采用保险补偿原则，需要有报
销凭证，所以购买太多保险，不仅无法提供全面保障，而且还浪
费保费。

按照保障的具体内容，医疗保险可以分为两种，一种是医
疗费用型保险，一种是医疗津贴型保险。所谓费用型保险，是指
保险公司根据合同中规定的比例，按照投保人在医疗过程中所花
费诊疗费和合理医药费的总额来进行赔付；而津贴型保险，与实
际医疗费用无关，保险公司按照合同规定的补贴标准，对投保人
进行赔付。所以，消费者应对自身以及家庭的风险状况和财务状
况进行整体客观评估，多考虑持续缴费能力，再理智选择购买
保险。

（7）只要投保，都能提供保障

保险的保障范围跟我们想象的并不一样。比如，保险公司愿
意赔的"重大疾病"和我们生活中真正的"重大疾病风险"就不
是一个概念，许多疾病都是在其免责范围之内的。

但很多人购买保险时，对所购买保险内容了解得并不多。甚
至是在保险代理人、营销员和亲朋好友的鼓励下购买的。对于哪
些险种适合，哪些险种不适合，没弄清楚就稀里糊涂投保了。过
后发现所购买的险种并不适合自己，这时如果再要进行退保，又
要承担一定的退保损失，陷入两难的境地。

第五章
投资债券，
让你风险无忧

　　债券是相对于其他理财产品来说最安全的一种投资方式，既然在投资上没有风险，那么回报必定也不如别的理财产品那么高。它相当于一种变相的储蓄，当然，在利率上要比储蓄高。所以，对于比较保守稳健型的女性而言，购买债券理财是种不错的方式。

1. 稳妥理财买债券

有投资常识的人都知道，债券是一种低风险、低收益的投资品种。

债券（Notes）是政府、金融机构、工商企业等机构直接向社会借债筹措资金时，向投资者发行，并且承诺按一定利率支付利息并按约定条件偿还本金的债权债务凭证。债券的本质是债的证明书，具有法律效力。债券购买者与发行者之间是一种债权债务关系，债券发行人即债务人，投资者（或债券持有人）即债权人。

债券是一种有价证券，是社会各类经济主体为筹措资金而向债券投资者出具的，并且承诺按一定利率定期支付利息和到期偿还本金的债权债务凭证。由于债券的利息通常是事先确定的，所以，债券又被称为固定利息证券。

债券作为一种债权债务凭证，与其他有价证券一样，也是一种虚拟资本，而非真实资本，它是经济运行中实际运用的真实资本的证书。

国债、金融债、企业债，你曾经听说过哪几种？实际上，随着社会经济的发展，债券融资方式日益丰富，范围不断扩展。为满足不同的融资需要，并更好地吸引投资者，债券发行者在债券的形式上不断创新，新的债券品种层出不穷。如今，债券已经发展成为一个庞大的"家族"。

我们投资债券，首先必须深入了解债券，了解各种债券的类型、性质和特征，然后，才能根据自己投资的金额和目的正确地选择债券。

（1）债券按是否有财产担保，可以分为抵押债券和信用债券。

抵押债券是以企业财产作为担保的债券，按抵押品的不同又可以分为一般抵押债券、不动产抵押债券、动产抵押债券和证券信用抵押债券。抵押债券可以分为封闭式和开放式两种。"封闭式"公司债券发行额会受到限制，即不能超过其抵押资产的价值；"开放式"公司债券发行额不受限制。抵押债券的价值取决于担保资产的价值。抵押品的价值一般超过它所提供担保债券价值的25%—35%。

信用债券是不以任何公司财产作为担保，完全凭信用发行的债券。其持有人只对公司的非抵押资产具有追索权，企业的盈利能力是这些债券投资人的主要担保。因为信用债券没有财产担保，所以在债券契约中都要加入保护性条款，如，不能将资产抵押其他债权人，不能兼并其他企业，未经债权人同意不能出售资产，不能发行其他长期债券等。

（2）债券按是否能转换为公司股票，分为可转换债券和不可转换债券。

可转换债券是在特定时期内可以按某一固定的比例转换成普通股的债券，由于可转换债券赋予债券持有人将来成为公司股东的权利，因此其利率通常低于不可转换债券。若将来转换成功，在转换前发行企业达到了低成本筹资的目的，转换后又可节省股票的发行成本。根据《公司法》的规定，发行可转换债券应由国务院证券管理部门批准，发行公司应同时具备发行公司债券和发行股票的条件。

不可转换债券是指不能转换为普通股的债券，又称为普通债券。由于其没有赋予债券持有人将来成为公司股东的权利，所以其利率一般高于可转换债券。本部分所讨论的债券的有关问题主要是针对普通债券。

（3）债券按利率是否固定，分为固定利率债券和浮动利率债券。

固定利率债券是将利率印在票面上并按其向债券持有人支付利息的债券。该利率不随市场利率的变化而调整，因而固定利率债券可以较好地抵制通货紧缩风险。

浮动利率债券的息票率是随市场利率变动而调整的利率。因为浮动利率债券的利率同当前市场利率挂钩，而当前市场利率又考虑到了通货膨胀率的影响，所以浮动利率债券可以较好地抵制通货膨胀风险。

（4）债券按是否能够提前偿还，分为可赎回债券和不可赎回债券。

可赎回债券是指在债券到期前，发行人可以以事先约定的赎回价格收回的债券。公司发行可赎回债券主要是考虑到公司未来的投资机会和回避利率风险等问题，以增加公司资本结构调整的灵活性。发行可赎回债券最关键的问题是赎回期限和赎回价格的制定。

不可赎回债券是指不能在债券到期前收回的债券。

（5）债券按偿还方式不同，分为一次到期债券和分期到期债券。

一次到期债券是发行公司于债券到期日一次偿还全部债券本金的债券；分期到期债券是指在债券发行的当时就规定有不同到期日的债券，即分批偿还本金的债券。分期到期债券可以减轻发行公司集中还本的财务负担。

（6）按债券可流通与否，分为可流通债券和不可流通债券，或者上市债券或非上市债券，等等。

发行结束后可在深、沪证券交易所，即二级市场上上市流通转让的债券为上市债券，包括上市国债、上市企业债券和上市可转换债券等。上市债券的流通性好，变现容易，适合于需随时变现的闲置资金的投资需要。

（7）按债券发行主体不同，可分为国债、金融债和企业债等。

国债也叫国债券，是中央政府根据信用原则，以承担还本付息责任为前提而筹措资金的债务凭证。金融债券是由银行和非银行金融机构发行的债券，金融债券现在大多是政策性银行发行与承销，如国家开发银行，通常不是为个人投资的。企业债就是企业债券，是公司依照法定程序发行、约定在一定期限还本付息的有价证券，通常泛指企业发行的债券。

人们之所以如此热衷债券投资，说到底还是由债券本身所具有的优点决定的：

（1）偿还性

债券一般都规定有偿还期限，发行人必须按约定条件偿还本金并支付利息。

（2）流通性

债券一般都可以在流通市场上自由转让。

（3）安全性

与股票相比，债券通常规定有固定的利率。与企业绩效没有直接联系，收益比较稳定，风险较小。此外，在企业破产时，债券持有者享有优先于股票持有者对企业剩余资产的索取权。

（4）收益性

债券的收益性主要表现在两个方面：一是投资债券可以给投资者定期或不定期地带来利息收入；二是投资者可以利用债券价格的变动买卖债券，赚取差额。

基于以上特性，投资者可以在债券票面价格上涨时得到利息和票面价格差价的双重收益；即使遇到票面价格下跌，投资者只要继续持有，等待偿还期的到来，那时最少也能赚取兑付利息，收益一样有保障。由此可见，债券"进可攻，退可守"，可以说是攻守皆宜、进退自如。所以，债券受到投资者的欢迎也是情理之中的事。

那么，女人们还在等什么呢？赶紧把钱准备好，去买债券做个省心的"财女"吧！

2. 债券投资有方略

债券的本质是债的证明书，具有法律效力，也具有偿还性强、安全性大、收益性高等特点。正因为如此，一直以来，在人们的个人投资组合蓝图中，债券都占有一定的比例，尤其是很多女性都将债券作为投资理财时的首选。假如你也已决定投资于债券，以下建议对你很有帮助。

（1）全面确定债券投资成本

确定债券投资成本也需要投资者在进行投资之前开展，这样才能保证在各种情况发生时，都有充裕的空间来调度，不致捉襟见肘。债券的投资成本大致有购买成本、交易成本和税收成本三部分。

①购买成本

债券不是免费的，投资者要获得债券还须等价交换，它的购买成本在数量上就等于债券的本金，即购买债券的数量与债券发行价格的乘积，若是中途的转让交易就乘以转让价格。对附息债券来说，它的发行价格是发行人根据预期收益率出来的，即购买价格=票面金额的现值+利息的现值。对贴息债券，其购买成本的计算为：购买价格=票金额×（1–年贴现率）。

②交易成本

债券在发行一段时间后就进入二级市场进行流通转让，如在交易所进行交易，还得交付自己的经纪人一笔佣金，不过，投资人通过证券商认购交易所挂牌分销的国债可以免收佣金，其他情况下的佣金收费标准是：每一手债券（10股为一手）在价格每升降0.01元时收取的佣金起价为5元，最高不超过成交金额的2%。经纪人在为投资人办理一些具体的手续时，又会收取成交手续费、签证手续费和过户手续费。

③税收成本

在投资债券时，除了要考虑购买成本和交易成本外，还需要考虑税收成本，虽然政府债券和金融债券是免税的，债券交易也免去了股票交易需要缴纳的印花税，这笔税款是由证券交易所在每笔交易最终完成后替投资者清算资金账户时扣除的。

（2）把握合适的债券投资时机

把握例行的债券投资时机是指投资者在进行投资时，应对国家经济的发展趋势有所了解和预见，做到顺时而动。如果经济处于上升阶段，储蓄利率趋于上调，那么这时投资债券就要慎重，尤其是在债券利率处于历史低点时，就更要慎重。如果此时选择的是长期获利投资，到期后反而可能低于同期的储蓄收益。因为债券利率一经发行就是固定的，而储蓄利率则随着经济形势的变化而变化。

反之，如果经济走向低潮，利率趋于下调，部分存款便会流入债券市场，债券价格就会呈上升趋势，这时进行债券投资可获得较高的收益，尤其是在债券利率处于历史高点时，收益更为可观。若投资者投资于短期债券，将会错过更多收益的好时机。

在选择债券期限时，不仅要考虑到未来市场利率水平的变化，而且对通货膨胀率也要做出合理的预测。正确的投资选择应当是：在预期未来市场利率下跌时，要投资长期债券；为防止利率变动风险，可投资于浮动利率债券；为防止通货膨胀，可投资于短期债券或保值债券，或转而投资于股票。

（3）运用各种有效的投资方法

债券的投资方法很多，较典型的有梯形投资法、三角投资法和杠铃式投资法。

①梯形投资法

所谓梯形投资法，又称等期投资法。就是每隔一段时间，在债券发行市场认购一批相同期限的债券，这样，投资者在以后的每段时间都可以稳定地获得一笔本息收入，因而不至于产生很大的流动性问题。此外，这种投资方法每年只进行一次交易，因此交易成本比较低。

②三角投资法

三角投资法是利用债券投资期限不同所获本息和也就不同的原理，使在连续时段内进行的投资具有相同的到期时间，从而保证在到期时收到预定的本息和。这种投资方法的优点是既能获得较固定收益，又能保证到期得到预期的资金以用于特定的目的。

③杠铃式投资法

杠铃式投资法是指投资者放弃或减少投资中期投资债券而持有短期债券和长期债券的投资组合策略。由于投资者将资金大部分投在短期债券和长期债券这两头，呈现出一种杠铃式两头沉的组合形态，故称之为杠铃式投资法。

3. 三招把债券炒"活"

随着股市风险的不断积聚，债券投资在投资者眼里的位置显得重要起来。面对一个新债券品种，当初的选股经验已全派不到用场。那么，投资者要考虑到哪些呢？

（1）提高流通性

很多债券投资者认为，债券投资就是在债券发行的时候买进债券，然后持有到期拿回本金和利息。这样就忽略了债券的流通性，而仅仅考虑了债券的收益性和安全性。

债券的流通性就是能否方便地变现，即提前拿回本金和一些利息，这是债券非常重要的一个特性。很多的债券由于没有良好的流通渠道，所以其流通性极差。债券的流通性与安全性和收益性是紧密相关的。良好的流通性能够使得投资者有机会提前变现，回避可能的风险，也可以使投资者能够把投资收益提前落袋为安。良好的流通性可以使得投资者能够不承担太高的机会成本，可以中途更换更理想的债券品种以获得更高的收益，如果能够成功地实现短期组合成长期的策略，中途能够拿回利息再购买债券就变相达到了复利效应。所以，债券的流通性是与安全性和收益性一样值得考虑的特性。

要提高债券的流通性，就必须有相应的交易市场。目前国内的三大债券市场是银行柜台市场、银行间市场和交易所市场，前两者都是场外市场，而后者是利用两大证券交易所系统的场内市场。银行柜台市场成交不活跃，而银行间债券市场是个人投资者几乎无法参与的，所以都跟老百姓的直接关联程度不大。交易所市场既可以开展债券大宗交易，同时也是普通投资者可以方便参与的债券市场，交易的安全性和成交效率都很高。所以，交易所市场是一般债券投资者应该重点关注的市场。

交易所债券市场可以交易记账式国债、企业债、可转债、公司债和债券回购。记账式国债实行的是净价交易、全价结算，一般每年付息一次，也有贴现方式发行的零息债券，一般是一年期的国债。企业债、可转债和公司债都采取全价交易和结算，一般也是采取每年付息一次。债券的回购交易基于债券的融资融券交易，可以起到很好的短期资金拆借作用。

这些在交易所内交易的债券品种都实行T+1交易结算，一般还可以做T+0回转交易，即当天卖出债券所得的资金可以当天就买成其他债券品种，可以极大地提高资金的利用效率。在交易所债券市场里，不仅可以获得债券原本的利息收益，还有机会获得价差，也便于债券变现，以应付不时之需和抓住中间的其他投资机会。

投资者只要在证券公司营业部开立A股账户或证券投资基金账户，即可参与交易所债券市场的债券发行和交易。其实，证券不等于股票和基金，还包括债券，证券营业部里还有一个债券交易平台。这需要投资者对于证券营业部要有一个平和的心态，才能更好地利用交易所的资源获得更多更稳的投资收益。随着公司债的试点和大量发行，交易所债券市场将会更加热闹。

顺便提一下，凭证式国债和电子储蓄国债也不是必须持有到期的，也是可以在银行柜台提前变现的，只是会有一些利息方面的损失，本金不会损失，需要交一笔千分之一的手续费而已。到底是否划算，就要看机会成本的高低了。

（2）注重关联性

债券和股票并非水火不容的，可转债就是两者的一个结合体。可转债既有债券的性质，发债人到期要支付债券持有者本金和利息，但可转债又有相当的股性，因为可转债一般发行半年后投资人就可以择机行使转成股票的权利，债权就变成了股权，债券也就变身为股票。

普通的可转债相当于一张债券加若干份认股权证，也有债券和权证分开的可分离债，两者同时核准，但分开发行和上市。普通可转债是债券市场的香饽饽，发行时会吸引大量资金认购，上市后一般也会出现明显溢价，特别是在牛市的背景下，普通可转债的价格会随着对应股票的上涨而不断攀升。普通可转债的转股是一条单行道，转成股票后就不能再转回债券了，所以转股时机的把握是很重要的。

分离型可转债的债券部分由于利息较低，还要交纳20%的利息税，所以上市后在很长的时间里交易价格都会低于100元面值，而权证则会成为十分活跃的交易品种。

总的来说，可转换债券的投资风险有限，如果持有到期几乎就没有什么投资风险，但中间可能产生的收益却并不逊色于股票。所以，可转债是稳健投资者的绝佳投资对象。

（3）利用专业性

随着债券市场的发展，债券的品种和数量都会迅速增加，债券的条款会越来越复杂，债券的交易规则也会越来越多，这样债券投资就会越来越变成一个非常专业的事情。那么，依靠专业人士来打理债券投资就越来越有必要了，债券投资专业化会成为债券市场发展的一个必然趋势。

其实，货币基金、短债基金、债券基金、偏股混合基金和保本基金都是主要以债券为投资对象的基金。货币基金以组合平均剩余期限180天以内的债券和票据为主要投资对象，是一年期定期存款很好的替代品。短债基金以组合平均剩余期限不超过三年的债券为主要投资对象，理论上收益会比货币基金高一些。债券基金的债券投资比例不低于80%，可以持有可转债转换成的股票。混合基金中的偏债基金也主要以债券为主要投资对象，同时还可以灵活地配置一些股票，也是风险较低的保守型基金。保本基金由于有保本条款，也是配置以债券为主的保守型资产组合。由于股市的大涨，这些基金的收益与股票基金或偏股基金的收益相比要少得多，规模也出现比较大的萎缩。但是，公司债的试点会带来债券市场比较大的发展，股市风险的逐步堆积也会让这些基金成为投资者的理想避风港。

总的来说，通过基金来投资债券可以享受基金经理的专业服务，无须在债券的选择、买卖、结息、回售、回购、转股和收回本金等事宜上耗费精力，还可以间接投资个人投资者不能参与的债券品种，所以，这种利用专业性投资服务的债券投资策略会随着债券市场的发展越来越受到一般投资者的青睐。

4. 国债认购，以稳求胜

相比同期银行存款，凭证式国债具有国家信用担保，是无风险品种，安全程度毫不逊色；而国债收益率往往较定期存款又要高上一些。

不过，伴随这些年国债大发展，在传统的凭证式国债之外，还多了记账式国债和储蓄国债（电子式）两类新品种，相比凭证式国债，这两类国债最大的优点就在于可以通过特定渠道交易，不但可以转让，并且可以通过市场债券收益率的变化赢利，使其在稳健固定收益的基础上又多了短期博取价差的机会。

那么投资国债具体有哪些好处呢？

首先，国债能解人燃眉之急。当你有一件事急着要办，但需要一定现金，而手头资金不够，于是想到要提前支领银行中的定期存款。按我国的规定，提前支取定期存款，按活期存款支付利息，会承受较大的损失。但此时你存入银行的那笔款项，如果用来投资国库券，在急需用钱时，可以随时到市场上以当日的市价出售。

其次，由于国债的票面利率是按同期银行存款利率来确定，因此国债的票面利率要比同期银行存款利率略高1—2个百分点。按这个数字，如果债券持有人将每年提取的利息再存入银行，无形之中，会进一步提高投资的效益。

最后，国债的价格和利率紧密联系在一起，当利率下跌时，债券的市价就会上扬，但利率一旦上涨，原持有的债券价格就会受到不利影响。通常，利率水平和通货膨胀息息相关。在高通胀情况下，投资人尽管可获得较高利息回报，但由于通胀的冲抵，其回报的实际价值会因之减少。这是债券投资人需注意的地方。因此，每时每刻都要保持清醒的头脑，不能因一时之涨跌而失去理智，做出有损自己利益的举动。

根据投资目的的不同，个人投资者的债券投资方法，可分为完全消极投资、完全主动投资和部分主动投资三种。

完全消极投资（购买持有法）：即投资者购买债券的目的是储蓄，想获取较稳定的投资利息。这类投资者往往不是没有时间对债券投资进行分析和关注，就是对债券和市场基本没有认识；其投资方法就是购买一定的债券并一直持有到期，以获得定期支付的利息收入。

完全主动投资：即投资者投资债券的目的，是获取市场价格波动带来的收益。这类投资者对债券和市场有较深的认识，属于比较专业的投资者，对市场和个券走势有较强的预测能力；其投资方法是在对市场和个券做出判断和预测后，采取"低买高卖"的手法进行债券买卖。比如，预计未来债券价格（净价，下同）上涨，则买入债券等到价格上涨后卖出；如果预计未来债券价格下跌，则将手中持有的该债券出售，并在价格下跌时再购入债券。这种债券投资方法收益较高，但也面临较高的波动性风险。

部分主动投资：即投资者购买债券的目的主要是获取利息，同时把握价格波动的机会获取收益。这类投资者对债券和市场有一定的认识，但对债券市场关注和分析的时间有限；其投资方法就是买入债券，并在债券价格上涨时将债券卖出获取差价收入；如债券价格没有上涨，则持有到期获取利息收入。该投资方法下债券投资的风险和预期收益高于完全消极投资，但低于完全积极投资。

采用什么投资策略，取决于自己的条件。对于以稳健保值为目的，又不太熟悉国债交易的投资者来说，采取消极的投资策略较为稳妥。首先，应该结合自己的生活开支等情况，确定资金的可用期限。然后根据资金的可用期限，选择相应期限的国债品种。其次，在该国债价格下跌到一定程度时买入，持有至到期。

投资者投资前要注意国债的分档计息规则。以第五期凭证式国债为例，从购买之日起，在国债持有时间不满半年、满半年不满一年、满一年不满二年、满二年不满三年等多个持有期限分档计息。因此，投资者应注意根据时段来计算、选取更有利的投资品种。

值得注意的是，有的人认为股市风险大，因此，平时在投资国债的时候，不大关心股市的情况。这是一种误区，很可能造成损失。经验证明，股市与债市存在一定的"跷跷板"效应。就是说，当股市下跌时，国债价格上扬；股市上涨时，国债下跌。所以，国债投资者不能对股市不闻不问，也应该密切关注股市对国债行情的影响，以决定投资国债的切入点。

5. 企业债成理财新宠

随着股票市场波动的加剧，越来越多的投资者趋向于稳健型投资，个人理财市场把目光对准了企业债。总体来看，公司债的收益水平低于股票投资，但高于国债和金融债，因而引起了投资者的极大兴趣。

目前个人投资者参与企业债投资主要分为直接投资和间接投资两类。直接投资又有两种方式：一是参与企业债一级市场申购，二是参与企业债二级市场投资。间接投资就是投资者买入银行、券商、基金等机构的相关理财产品，然后通过这些机构参与公司债的网下申购或者二级市场买卖来实现个人收益。

个人投资公司债，首先要在证券营业网点开设证券账户，等公司债正式发行时，像买卖股票那样买卖公司债，只是交易最低限额是1000元。

投资者若要购买一级市场企业债券并不难。据了解，投资者只需要携带本人身份证和银行存折在证券市场的交易时间——周一至周五，9：30—11：30，下午1：00—3：00，进行购买。一级市场企业债投资者将可以得到一张凭证，每年付息时，由券商将钱款划转至投资人的资金账户中。

买企业债除了考虑收益率因素之外，投资者还应关注企业债的信用状况。

债券的交易与股票有所不同。首先是报价的不同。企业债券的报价是以人民币1000元面额为1手。买卖以1手或其整数倍进行申报。单笔申报最大数量应当低于1万手（含1万手）。以"每百元面值的价格"进行申报。

其次是涨跌幅限制的不同。交易所对股票、基金交易实行价格涨跌幅限制，但对企业债券不设涨跌幅限制。但在交易方式上，企业债券与股票一样，目前不能进行T+0回转交易，即当天买入的企业债券当天不能卖出，第二天以后才能卖出。

企业债券交易一般也采用电脑集合竞价和连续竞价两种方式。集合竞价是指对一段时间内接受的买卖申报一次性集中撮合的竞价方式。连续竞价是指对买卖申报逐笔连续撮合的竞价方式。

目前上海证券交易所企业债上市首日9：15至9：30采用集合竞价，之后采用连续竞价，次日以后仅进行连续竞价。

深交所企业债券的交易按下列方法确定有效竞价范围：（1）上市首日集合竞价的有效竞价范围为发行价的上下150元，连续竞价的有效竞价范围为最近成交价的上下15元；（2）非上市首日集合竞价的有效竞价范围为前收盘价的上下5元，连续竞价的有效竞价范围为最近成交价的上下5元。

深交所认为，必要时，可以调整有效竞价范围并公告。其中，若在集合竞价期间没有成交的，按下列方式调整有效竞价范围：（1）有效竞价范围内的最高买入申报价高于发行价的，以最高买入申报价为基准调整有效竞价范围；（2）有效竞价范围内的最低卖出申报价低于发行价的，以最低卖出申报价为基准调整有效竞价范围。

目前在交易所上市的企业债都是实名制记账式债券，从交易方式上来看，与股票交易和记账式国债交易有所不同，但与实物国债的交易方式基本一致。对于二级市场的投资人来说，企业债交易与股票交易最大的不同是，企业债二级市场投资者必须遵循"在某个营业部买入只能在该营业部卖出或到期兑付本息"的原则。

因此，投资者在买入企业债后，应妥善保管好该营业部给自己开具的交割单或代保管凭证，以便今后抛售或兑付。对于发行时购买的投资人来说，上市后也应该到原购买网点抛售。

另外，个人投资者投资企业债都需缴纳20%的利息税。

6. 玩转可转债

可转换公司债券，简称可转债，是上市公司发行的可以按照一定条件转换成股票的债券，买入这类债券既可以定期领取利息，又可以在股价上涨时转换成股票卖出，所以是一种投资、投机两相宜的金融产品。

可转债有票面利率可获取利息收益，即便是零息债券，也有折价补贴收益。因为可转债有此特性，遇到利空消息，它的市价跌到某个程度也会止跌，原因就是它的债券性质对它的价值提供了保护。

可转债同时也是加息预期的避风港。不断加息总让手里握满股票的投资者神经紧张，特别是对受利率水平变动影响比较大的行业来说更是如此。此外，不断加息也让投资债券受到损失。而很多可转债根据转债条款会根据央行利息调整对投资者做出相应的弥补。比如，金鹰转债在其转债存续期间，若中国人民银行向上调整人民币存款利率，金鹰转债的票面利率从调息日起将按人民币一年期存款利率上调的幅度比例向上调整。

作为现阶段公司债的主力品种，可转债越来越引起投资者的注意。实际上，与股票的抢眼表现相比，可转债在2006年的表现毫不逊色。例如，营港转债从2006年至今的涨幅已高达52.41%，2007年的表现更加出色，从135元一直飙升到183.8元。邯钢转债更是达到了76.59%。

作为一种攻守平衡的投资品种，可转债由于可以根据市场情况在债券和股票之间实施转化，因此不但对普通投资者有吸引力，而且也备受机构投资者的宠爱。从2006年的情况看，那些重点投资可转债的基金都取得了不俗的业绩。例如，兴业可转债基金2006年一年的净值增幅高达72.65%，这一收益水平甚至超过了一些偏股型基金和平衡型基金。

与普通债券一样，可转换公司债券也设有票面利率。在其他条件相同的情况下，较高的票面利率对投资者的吸引力较大，因而有利于发行，但较高的票面利率会对可转换公司债券的转股形成压力，发行公司也将为此支付更高的利息。可见，票面利率的大小对发行者和投资者的收益和风险都有重要的影响。

可转换公司债券的票面利率通常要比普通债券的低，有时甚至还低于同期银行存款利率。可转换公司债券的票面利率之所以这样低，是因为可转换公司债券的价值除了利息之外还有股票买权这一部分，一般情况下，该部分的价值可以弥补股票红利的损失，这也正是吸引投资者的主要原因。我国可转债面值是100元，最小交易单位是为1手（1000元，即10张）。

普通百姓要想买可转债，首先要认真阅读可转债的"募集说明书"，重点关注其利率、期限、转股价格等要素。其中，利率反映了投资者每年可以领取的利息金额，多数可转债的期限是5年；还要注意转股期限，也就是什么时候可以转换成股票，多数可转债都是在发行半年后可以转股；转股价格是指投资者可以按什么价格转换成股票，如国电电力发展股份有限公司发行的国电转债，初始转股价格是10.55元，即一张百元面值的可转债可以按10.55元的价格转换成股票，转换比例约为9.48（100÷10.55）。

在具体操作时，买卖可转债与股票基本相同，但需要注意的是，可转债的买卖单位是"手"，1手等于1000元面值。判断可转债的投资价值一方面是看债券收益率的高低，另一方面是看其股票的价格走势，如果股价走势强劲，则可转债往往也有较大的获利空间。

根据可转债的股票期权是否与债券分离，可转债可分为可分离债与非分离债（即常规可转债）。可分离债指认股权凭证与公司债券可以分开，单独在流通市场上自由买卖；非分离债指认股

权无法与公司债券分开，两者存续期限一致，同时流通转让，自
发行至交易均合二为一，不得分开转让。

可分离债，即可分离交易的可转换公司债券，是上市公司公
开发行的认股权和债券分离交易的可转换公司债券。可分离债的
发行要求高于常规可转债，且债券和认股权证是分别定价、分别
交易的，因此可分离债在上市后通常会跌破100元面值。但由于
可分离债的权证价值得到充分体现，债券的利率会低于常规可转
债，对发行企业而言更为有利。2006年年底至今发行的可转债主
要以可分离债为主，预计后续这一趋势可能仍将持续。

可转债是最为特殊的债券品种，表现为其价格受正股的影响
比受债券市场的影响更大，但其波幅又往往小于正股，因此可转
债可能存在一定的套利机会。对于投资者而言，可转债的含权一
方面可以在债券和正股之间套利，另一方面在正股走势不明朗的
情况下购入常规可转债可以降低损失空间。

可转债之所以可以套利，主要是由于可转债的波幅通常小于
正股。具体而言，常规可转债的股票期权价值隐含在债券中，债
券的走势与正股往往较为一致，且正股的波幅会大于可转债，因
此产生套利机会，但由于正股必须第二天方可抛出，因此套利的
空间和成功概率都不大；可分离债的套利则主要是在可分离债上
市前后，上市后可分离债本身就不含权、套利机会主要在权证和
正股之间产生。

可分离债套利的原理是：由于认股权证的价值在发行的时候
存在低估、且正股在认股权证未上市之前的除权幅度通常不足，
因此投资者可以在可分离债发布发行可分离债公告的当日买入股
票（老股东有可分离债的优先配售权），追加资金认购可分离债

和附送的认股权证之后，再抛出正股、可分离债和权证，以获取收益。具体套利的方法如下：

假设在上市公司公告正式发行可分离债的当日，以100万元的初始资金在收盘价购买股票，然后再追加资金认购可分离债。

第一种套利的方法：若在股权登记日的次交易日卖出正股，则在股票投资上受损失的可能性会较在权证和可分离债上市时（3—6个月）之后再抛出股票会小一些。

认购的可分离债越少，单张可分离债附送的认股权证越多，则套利的收益率越大。若可分离债认购金额超过所附送的认股权证的价值，则套利失败的可能性较大。

在大盘向好的背景下，可分离债的套利成功可能性较大，套利的收益率也可能较高。通常，可分离债的套利收益率要好于大盘。但是，若大盘在套利期间出现较大幅度的下跌，则即使在抛出股票的时间大盘有所拉升，整体的套利收益率仍然可能受到较大的负面影响，股票投资的亏损较大，使得整体套利失败。另外，可分离债的亏损率通常在20%左右，因此，若认购的可分离债越多，则套利亏损的可能性越大。权证的收益是套利收益的主要来源，而可分离债的亏损是套利的主要亏损。

第二种套利的方法：若在可分离债上市当天卖出正股、可分离债和权证，套利成功率和收益率要高一些。推迟抛出正股后的套利收益率显著提升，主要是由于其间大盘上涨较快带动正股的价格上涨所致，套利收益实际上主要来源于股票投资收益。

通常，在大盘向好的情况下，正股往往会填权，且跟随大盘上涨，因此推迟卖出正股有利于提升总体的收益率。

在推迟至权证上市时卖出正股之后，股票投资收益占总投资

收益的比重较在股权登记日次日要明显提升，从而推动总体套利
收益率的提升。

7. 债券投资也要关注风险

女性投资债券时必须明确一点，投资债券的风险很小，但这
并不意味着投资债券就没有风险，因为债券的市场价格以及实际
收益率受许多因素影响，这些因素的变化，都有可能使投资者的
实际利率发生变化，从而使投资行为产生各种风险。

面对着债券投资过程中可能会遇到的各种风险，女性朋友们
应认真加以对待，运用各种技巧和手段去了解风险，规避风险，
才能减少损失，获取最大的收益。

一般而言，女性朋友们在投资债券的过程中可能会遇到以下
几种投资风险：

（1）利率风险

利率风险是指因利率的变动导致债券价格与收益率发生变动
的风险。债券是一种法定的契约，其票面利率大多是固定不变的
（浮动利率债券与保值债券例外）。当市场利率上升时，债券价
格下跌，使债券持有者的资本遭受损失。因此，投资者购买的债
券离到期日越长，则利率变动的可能性越大，其利率风险也相对
越大。

对于利率风险，最好的规避方法就是分散债券的期限，长短

期配合。如果利率上升，短期投资可以迅速地得到高收益投资机会。若利率下降，长期债券则能保持高收益。如果投资的债券，其到期日都集中在某一定期或一段时间内，则很有可能因同期债券价格的连锁反应使得自己的收益受损。

但若用持有的现金分别购买一年期、二年期、三年期等，每年都有一定数额的债券到期，资金收回后再购买债券，循环往复。这种方法简便易行、操作方便，不仅能有效地规避利率风险，也能使投资者有计划地使用、调度资金。

（2）购买力风险

购买力风险是债券投资中最常见的一种风险。债券是一种金钱资产，因为债券发行机构承诺在到期时付给债券持有人的是金钱，而非其他有形资产。也就是说，债券发行者在协议中承诺付给债券持有人的利息或本金的偿还，或者是事先议定的固定金额，此金额不会因为通货膨胀而有所增加。由于通货膨胀的发生，债券持有人从投资债券中所收到的金钱的实际购买力越来越低，甚至有可能低于原来投资金额的购买力。这种投资者在债券投资中所遭受损失的购买力损失，就是债券投资的购买力风险。

针对购买力风险，应采取的防范措施是分散投资，使购买力下降的风险能力与某些收益较高的投资收益进行弥补。通常采用的方法是将一部分资金投资于收益较高的投资品种上，如股票、期货等。但带来的风险也随之增加。

（3）信用风险

信用风险主要发生在企业债券的投资中。发行债券的企业由于各种原因，不能完全履约按时支付债券利息或偿还本金，债券投资者就会承受较大的亏损，从而遭受了信用风险。

信用风险一般是由于发行债券的企业经营状况不佳或信誉不高带来的风险。所以，在投资前，一定要对发行债券的企业进行调查，通过对其各种财务报表进行分析，了解其赢利能力和偿债能力等，尽量避免购买经营状况不佳或信誉不佳的企业债券。在持有债券期间，应尽可能对企业的经营状况进行了解，以便及时作出卖出债券的抉择。

（4）转让风险

转让风险是指投资者在短期内无法以合理的价格卖掉债券的风险。换言之，当投资者急于将手中的债券转让出去，但短期内找不到愿意出合理价格的买主，为此，投资者不得不把价格降得很低，或是要很长时间才能找到买主。那么，投资者不是遭受降低价格的损失，就是丧失新的投资机会，这样就产生了转让风险。

要规避转让风险，一是尽量选择交易活跃的债券，如国债。便于得到其他人的认同，冷门债券最好不要购买；二是在投资债券时，应准备一定的现金以备不时之需，而不要把全部资金一下子都投进去，毕竟债券的中途转让不会给债券持有者带来好的回报。

（5）再投资风险

在购买债券时，只购买了短期债券，而没有购买长期债券，将会有再投资风险。如长期债券利率为10%，短期债券利率为8%，为减少风险而购买短期债券。但在短期债券到期收回现金时，如果利率降低到6%，就不容易找到高于6%的投资机会，从而产生再投资风险。与其这样，还不如当初投资于长期债券，仍可以获得10%的收益。归根结底，再投资风险还是一个利率风险问题。

对于再投资风险，应采取的防范措施也是分散债券的期限，长短期配合，如果利率上升，短期投资可迅速找到高收益投资机会，若利率下降，长期债券却能保持高收益。也就是说，要分散投资，以此来分散风险，并使一些风险能够相互抵消。

（6）回收风险

对于有回收性条款的债券，常常有强制收回的可能，而这种可能又常常是市场利率下降，投资者按债券票面的名义利率收取实际增额利息的时候，而发行公司提前收回债券，投资者的预期收益就会遭受损失，从而产生了回收性风险。

为避免债券的回收风险，投资者可购买那些不回收的债券，也可购买售价低于面额许多的债券。这种债券利率极低，公司不太可能将它收回，但它的到期收益和利率高的债券一样好，它的收益主要由差价收益组成，许多老练的投资者常采用这种办法。

（7）可转换风险

若投资者购买的是可转换债券，当其转成了股票后，股息又不是固定的，股份的变动与债券相比，既具有频繁性，又具有不可预测性，投资者的投资收益在经过这种转换后，其产生损失的可能性将会增大一些，可转换风险因此产生。

为了规避可转换风险，投资者在购买债券时，应尽可能选择多样化的债券投资方式。也就是说，应将自己的资金分别投资于不同种类的可转换债券，如国债、金融债券、公司债券等。如把全部资金用来投资于可转换债券，收益可能会很高，但缺乏安全性，也很可能会遇到经营风险和违约风险，最终连同高收益的承诺也可能变为一场空。投资种类分散化的做法可以达到分散风险、稳定收益的目的。

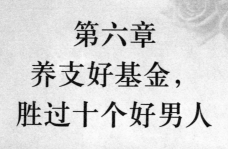

第六章
养支好基金，
胜过十个好男人

基金之所以成为女性理财的"首选"，是因为它的投入门槛低、操作时段长、收益相对稳固、赎回风险小。买一支基金就相当于请了一个专家团队来为你投资，特别适合女性理财要求。可以说，女人养支基金，不仅是一种最省心的投资理财渠道，更是一项可以期待较高收益的家庭选择。

1. 认识和了解基金

投资是利用钱来生钱的，股票、基金、储蓄等都是"钱生钱"的方式。有的人选择炒股，有的人选择储蓄，有的人选择"养基"。女性朋友们选择基金的较多，这就使我们有必要对各类基金有一个准确的认识，然后根据个人喜好和自身实际来选择适合的基金。

（1）封闭式基金

封闭式基金是不可赎回的基金，事先确定发行总额，在封闭期内基金份额总数不变，发行结束后可以上市交易，投资者可通过证券商买卖基金份额。例如：基金开元，发行20个亿，那整体就是20个亿份，就不再增发，假如买的人多，也不会再增发10个亿，变成30个亿，它就是20个亿。封闭期就是15年，或者是固定一个时期，封闭期结束之后，是封闭的再转开放的，还是继续续约，封闭结束之后有明确答复。

封闭式基金不可赎回，投资者如何赚钱？第一，它可以分红；第二，它可以在证券市场进行买卖，就跟股票一样。比如说，2块钱买的基金，涨到2.1块了，那可以在股票市场上把它卖掉。这样的话，封闭式基金交易类似于股票，在第一次买封闭式基金的时候，投资者跟基金公司接触，从基金公司申购。基金公司封闭期结束了，最后一次，投资者要跟基金公司进行结算，分配剩余资产，或者转成开放式基金。第一次和最后一次跟封闭式基金公司进行接触，其他的时间就跟股票一样进行买卖，分红，跟股票交易非常相似，因为它不可赎回。封闭型基金适合在股票市场不发达时发行，便于管理。

（2）开放式基金

现在很多人买的基金基本上都是开放式基金。开放式基金是可赎回的基金，在募集期内不规定限额，募集100个亿，还是200个亿，这主要看市场。如果能募集到100亿，股市的行情非常好，可能募集到160亿，需要时可以再募集200个亿。所以，开放式基金没有份额的具体限制，募集完了以后，也没有一个时间限制，原则上只要基金公司在经营，一代一代地传下去，可以永续地发展，这是开放式基金的特性。

开放式基金适合在成熟的股市中发行。封闭式基金的价格由市场竞价决定，可能高于或低于基金单位资产净值；而开放式基金的交易价格由基金经理人依据基金单位资产净值而确定，基本上是连续公布的。

（3）成长型基金

在股市中，投资者追求什么？基金公司和我们的一些机构投资者，追求一个成长型，这个股票有投资价值，希望今天买的股票等着它慢慢成长起来。这种基金可能不重视一时的收益，但是它重视很长时间、一段时间的一个平均的收益，今年挣这么多，明年挣这么多，后年还挣这么多，一个平稳的，成长式的发展。这叫作成长型的基金，适合长期投资。

（4）收益型基金

很多投资者希望我今天买这个基金，明天就涨2分，后天涨5

分，再后天涨8分，一下子三天挣个10%。也有这种类型的基金，叫收益型基金。收益性基金在一定时段里，强调的这段时间的收益，风险也高于成长型。收益型基金，它为了追求非常大的收益，那就肯定有风险。收益型基金会拿出很大比例资金买股票，在行情大涨的时候，投资比例可能就倾向于风险大的。它可能收益也大，风险相对地比成长型基金也大。

（5）股票型基金

股票型基金是60%以上的基金资产投资于股票的基金。这样的基金属于风险比较高，收益也高，随着股票市场的波动而波动的收益。还有一些偏股型的基金，什么叫偏股？占资金总数比较大的比例都投资在股市中，股票市场投资比较多，所以叫偏股型。当然还有偏债型基金，是偏好于投资债券比例比较大，而投资股票比例少。

（6）债券型基金

债券型基金是80%以上的基金资产投资于债券的基金。根据投资股票的比例不同，债券型基金又可分为纯债券型基金与偏债券型基金。两者的区别在于，纯债型基金不投资股票。

债券基金的投资主要有三类：第一个是国债，第二是一些政府企业建设债券，第三个是投资一些企业的债券。投资债券主要看的是一个信用风险，国债信用最高，国家的信用来担保，政府大型项目债券次之。

基金投资企业债券，如果这些企业的信用程度不高，在买企业债券的时候，就会出现一个问题。国家的和一些大型的公益型的国债，投资风险是比较小的，但是收益比起股票来可能不是太多，当然风险收益都是成正比的。

如果投资企业债券，风险就很大。这个企业突然倒闭了，或者经营不善，就会有投资风险。但是，很多债券基金，尤其是偏债的基金，涨势有的甚至超过偏股型和股票型，这是因为很多企业既发行股票，又发行债券。看到股市很好，通过证监会批准把债券变成股票，发行可转股的债券。债转股之后，债券基金持有了很多债券，一下变成股票，结果上市交易收益相当好。很多债券基金，尤其是偏债型基金，反而收益要高于偏股型基金。

债券型基金投资的对象就是债券，到期还本，风险低于股票。影响债券基金业绩的因素有：

第一个就是利率风险，如果央行持续加息，债券基金的利率固定不变，债券收益可能比存银行要低。这个就是它的利率风险。例如，债券约定1年以后，企业的债券是5%的利息，结果1年中，央行的利率从3%涨到6%了，我们买这个债券基金就有利率风险。

第二个是信用风险，这个企业信用不好，结果亏损了，信用等级下降，则投资债券基金就有风险。

（7）货币市场基金

货币市场基金是用货币市场工具为投资对象的基金，主要投资有短期国债、中央银行票据、商业汇票、银行承兑汇票、银行定存和大额转账的存单。

货币市场基金是怎么运作的呢？货币市场基金面值永远是1元。面值永远是1元，怎么计算盈利呢？主要体现的是分红和收益率。货币市场基金，只要存一天钱，货币基金会给你一天的利息，所以它就是每天计息，每月都会分红，当然有的是按天分红，按月分红，还有的可能是更长一点时间的分红，主要是看每个货币基金的特点。

货币市场基金免收申购和赎回费用。货币市场基金在申购和赎回的时候，是免收这些费用的。它只是收一些托管费、管理费和销售费用。在千分之三到千分之五以下，这个费用很低。它的优点是适合替代储蓄。它的收益是高于银行储蓄的，比较安全。特别是在股市出现大熊市的时候，货币基金就可以替代偏股型和股票型基金，近似于保本。因为还有一些不确定的因素，例如CPI，通货膨胀加大，如果货币基金收益5%，现在通货膨胀为6%，这样看似保本，也是带来一定的损失，因为购买力小了，出现通货膨胀可能就不保本，所以我把它叫作近似保本。

（8）主动型基金

主动型基金一般以寻求取得超越市场的业绩表现为目标，哪个板块赚钱，基金买哪个板块，可以主动地去选择股票的配置。股票型基金、偏股型基金、偏债型基金，都是主动型基金。

（9）被动型的基金

被动型基金一般选取特定的指数成分股作为投资的对象，不主动寻求超越市场的表现，而是试图复制指数的表现。所以，被动型的基金也叫作指数型基金，以每个指数为模仿对象，基金就买这些成分指数，如沪深300、上证50、深证100，融通深证100基金，就买深市这100只成分股，基金把这些股票全买了，可以不看它的收益了，只要股指涨多少，它就基本上涨多少。

（10）ETF

ETF（ExchangeTradedFund）中文翻译成"交易型开放式指数基金"，又称"交易所交易基金"，是像股票一样能在证券交易所交易的指数基金。这种基金不仅具有股票基金和指数基金的特点，同时还有开放式和封闭型基金的特点。

ETF结合了封闭式基金和开放式基金的特点。投资者一方面可以向基金管理公司申购或者赎回基金份额。同时，又可以像封闭式基金一样在证券市场上按市场价格买卖ETF份额。不同的是，它的申购是用一揽子股票换取ETF份额，赎回时也是还回一揽子股票而不是现金。由于同时存在证券市场交易和申购赎回机制，投资者可以在ETF市场价格与基金单位净值之间存在差价时进行套利交易。由于套利市场机制存在，也使得ETF避免了封闭式基金普遍存在的折价问题。

（11）LOF

LOF（ListedOpen-EndedFund）中文翻译成"上市型开放式基金"，指基金发行结束之后，投资者既可以在指定网点申购与赎回基金份额，也可以在交易所买卖的基金。

LOF打破了封闭型基金和开放型基金的鸿沟，改变了目前封闭型基金只能在二级市场交易，开放型基金只能在一级市场赎回的局面。其带来的套利机制使LOF在二级市场上的价格和基金净值非常接近，不仅弥补了封闭型基金大幅折价的缺憾，同时解决了开放型基金销售成本高的问题。LOF主要是面对中小投资者，在股票行情看好的时刻，投资者可以利用其更快地交割的制度，从基金投资转到股票投资，提高资金使用效率；在行情难以把握的情况下，投资者可以退而投资基金。

投资者如果是在指定网点申购的基金份额，要想在网上抛出，须办理转托管手续。同样，如果是在交易所网上买进的基金份额，想要在网点赎回，也要办理一定的托管手续。

LOF申购和赎回均以现金方式进行。

2. 如何选择适合自己的基金

不买贵的，只买对的——这是每一个居家过日子的人都懂得的生活常识。那么，在面对基金市场的火热，面对可观的回报时，人性的趋利性使得越来越多的人一门心思想做基金，但最终的收益却与想象中差很多。也就是说，很少有人在开始的时候就能够找到适合自己的基金。也有一些女性投资者看到别人炒股赚了钱或者买基金赚了钱，羡慕之余很可能会产生"他买什么我就买什么"的想法，殊不知，适合别人的未必会适合自己。

其实，选购基金和买鞋一样，再华丽的鞋如果不合脚，那也是徒增悲伤而已。当然，当一些基金的回报明显高于另外一些基金，或者所有的基金看起来收益都会很高的情况下做出"正确"的选择很难，那么，如何做才能选择到适合自己的基金呢？

首先，制定属于你的基金选择方略。

（1）挑选值得信赖的基金公司

基金公司的信赖度不是一朝一夕可以建立起来的，较好的基金公司往往以受益人的最大利益为出发点，内控机制健全，产品线丰富完整，旗下基金绩效不错，服务品质优良。此外，基金的诚信度与经理人素质的重要性甚至超过基金的绩效。

经过层层筛选，将自己的钱交给值得信任的基金公司去打理，是做出成功的投资决策的重要一步。

（2）知己知彼，挑选适合自己的基金产品

挑选基金，仅看绩效、风险和费率是不够的，每支基金的投资定位不同，有的追求稳健收益，有的追求积极成长，对于投资者来说，更重要的是了解自己，对自己的理财目标、资金规划、风险承受度做出判断，结合基金的投资定位寻找最适合自己的基金。譬如，如果你是看到市场大起大落就会睡不着觉的保守型投资者的话，在你的资产配置中，固定收益类基金产品占比应该更大一些。

（3）踩准市场节拍，结合宏观经济背景挑选基金

景气循环通常可以分为四个阶段：景气复苏期、景气扩张期、景气高涨期及景气衰退期。各类型的基金在不同的阶段会有不同的表现，投资者也可以参考景气循环的状况来调整投资的组合。当经济处于景气谷底阶段时，应提高债券基金、货币基金等风险基金的投资比重；而经济处于景气复苏阶段时，则可加大股票基金的投资比重。同时要紧跟国家宏观经济政策。

（4）挑选适合自己的投资方式

一般而言，投资基金的方式有两种，即定期定额和一次买进。两种方式各有优点，投资人可以视自己的需求、风险偏好度及预定支付的投资额度，结合当前市场情况，决定采用哪一种投资方式。如在对股市趋势不能做出明确判断时，你可以采用定期定额投资的方式；在股市明显回暖时则可以一次买进。当然，也可以两种方式搭配使用。不论你选择了何种基金或何种投资方式，在一段时间之后，一定要进行定期的检视，或可巧用基金转换，以免错过最佳的获利了结或止损机会。

其次，选基金遵循的四大基本原则。

（1）不要以偏概全

有些基金公司会刻意挑选某一两段基金表现最好的时期为例，大肆宣传该基金操作业绩优良，投资人最好收集这些基金更为长期的净值变化资料作为佐证，以免遭误导。

（2）不要忽略起跑点的差异

同类型的基金，因成立时间、正式进场操作时间不同，净值高低自然有别。在指数低位时成立、进场的基金，较在指数高位时才成立、进场的基金，天然上占有优势，前者净值通常高于后者，但并不能代表前者的业绩优于后者。

（3）不要忘记"分红除息"因素

基金和股票一样，在分红配息（收益分配）基准日，"红利"必须从净值中扣除。因此，在计算基金净值增长率时，必须把除息的因素还原回去。

（4）要避免"跨类"比较

同类型的基金才能放在一起比较业绩，所谓"天鹅与天鹅"比较，不要拿"天鹅"去与"蛤蟆"比较。股票型和债券型基金的主要投资标的不同，对应的风险不同，混合在一起评断业绩有失公平。一般而言，主动型基金业绩应该超过被动型（如指数基金），而偏股基金应该超过偏债型基金。当然，随着预期收益率的上升，风险也在同步上升。

最后，根据自身的情况选择基金。

（1）根据风险和收益来选择基金品种

从风险的角度看，不同基金给投资者带来的风险是不同的，其中，股票基金风险最高，货币市场基金和保本基金风险最小，债券基金的风险居中。

相同品种的基金，由于投资风格和策略的不同，风险也会不同。比如，在股票基金中，平衡型、稳健型、指数型比成长型和增强型的风险要低。同时，收益和风险通常是相关联的，风险大往往收益高，风险小则收益少。要想获得高收益往往要承担高风险。所以，投资者在期望获取高收益时千万不要忘了首先权衡自己的风险承受能力。

（2）根据投资者年龄来选择

一般来说，年轻女性事业处于起步阶段，经济能力尚可，家庭或子女的负担较轻，收入大于支出，风险承受能力较高，股票型基金或者股票投资比重较高的平衡型基金都是不错的选择。中年女性家庭生活和收入比较稳定，已经成为开放式基金的投资主力军，但由于中年女性家庭责任比较重，风险承受能力处于中等，投资时应该在考虑投资回报率的同时坚持稳健的原则。可以结合自己的偏好和经济基础进行选择，最好把风险分散化，尝试多种基金组合。

（3）根据投资期限确定基金的品种

时间的长短在投资过程中是最需要考虑的重要因素，因为它直接决定了投资者的投资行为。投资者要了解自己手中闲置资金可以运用的期限，以选择一些适合自己的基金或组合。

3. 基金定投，懒女人也能变富婆

你想通过理财让自己的资产升值，但是你对基金、股票、房产等理财工具的认识可谓是少之又少，最重要的是，你没有多余的时间和精力投入到理财之中去，那我不鼓励你用自己的辛苦钱去买经验，赔了钱事小，失败造成的阴影还会破坏以后你对投资的信心。那么，我们应该如何去理财呢？相信基金定投或许是一个不错的选择。

华尔街流传一句话："要在市场中准确地踩点入市，比在空中接住一把飞刀更难。"如果采取分批买入法，就克服了只选择一个时点进行买进和卖出的缺陷，可以均摊成本，使自己在投资中立于不败之地。这种方法即定投法。

为什么这么说呢？

基金定投是投资者在每月固定的时间以固定的金额投资到指定的开放式基金中，类似于银行的零存整取方式。定投的最大优势之一就是可以强制攒钱，另一优势就是能够平均投资，分散风险。定投可以抹平基金净值的高峰和低谷，消除市场的波动性，只要选择的基金有整体增长，投资人就会获得一个相对平均的收益，不必再为入市的择时问题而苦恼。具体而言，定期定额的优势有以下几个方面：

（1）摊平成本，分散风险

采用定期定额投资的方式，投资者购买基金的资金是按期投入的，投资的成本也比较平均。普通投资者很难适时掌握最佳的投资时机，常常是在高点买入、低点卖出。而采用基金定期定额的投资方式，不论市场行情如何波动，每个月固定的时间投入固定的金额，不做人为判断。

在不加重投资人经济负担的情况下，有些基金的最低投资限额可以降低风险。当市场呈现上升趋势时，基金的净值较高，此时买到的基金比单位数较少；当市场呈现下降趋势时，基金的净值较低，买到的基金的单位数较多，如此一来，投资者的总体投资就是由大量低价的单位数和少量高价的单位数组成，使得整体的每一单位的平均值低于单笔投资的净值，从而有效地降低了风险。

（2）小额投资，聚沙成塔

定时定额可以让投资人预先以量入为出的方式设定投资金额，每个月固定由银行或邮局账户自动转账资金，无形中迫使投资人养成固定储蓄投资的习惯，同时经过时间的累积也可以产生聚沙成塔的效应，小钱变成大钱。

（3）门槛较低，收益保本

很多基金公司每月定投的申购下限放宽到了10元，低收入者同样可以轻易介入。定期定额投资的金额虽小，但累积的资产却不可小觑，如果投资3年以上，基金的年平均报酬率为15%左右，要高出定期利率很多。长期投资下来，其获利将远超定存利息所得。投资时间越长，在不同的期望报酬率下获得的资产总额差距将越大。

（4）费率优惠，节省成本

和普通申购一样，在银行做基金定投业务，投资者一般也可享受一定的费用优惠。为了扩大自己的业务，有些银行会不定期地推出一些活动，降低申购等交易费用，给投资者一定的优惠。

（5）适合长期投资

定期定额是分批进场投资，当股市在盘整或下跌的时候，由于定期定额是分批承接，因此反而可以越买越便宜，股市回升后的投资报酬率可能会胜过单笔的投资。因此定期定额非常适合长期投资理财计划。

（6）自动扣款，手续简单

定期定额投资基金只需投资者去基金代销机构办理一次性的手续，此后每期的扣款申请均自动进行，一般以月为单位，但是也有以半月、季度等作为定期单位的。相比而言，如果自己去购买基金，就需要投资者每次都亲自到代销机构办理手续。因此，定期定额投资基金也被称为"懒人理财术"，充分体现了其便利的特点。

了解了定期定投的优势，那么，在诸多的定投基金中如何挑选适合自己的投资呢？可从以下几方面入手：

（1）选择投资经验丰富且值得信赖的基金公司

由于投资形势瞬息万变，掌握第一手信息相当重要，因此具有良好能力的基金管理公司拥有优势，能为投资人赢得制胜先机。另外，定期定额投资时间长，选择稳健经营的基金管理公司可以维持一定的投资水准。

（2）看自己选的基金是否开通这种购买形式

定时定额已长时间连续负报酬，该不该停止扣款？股市上下波动是正常的，没有只跌不涨的基金，只不过是何时涨的问题，所以跌的时候更应把握机会买进。

（3）注意投资的市场特质

不是每支基金都适合以定期定额的方式投资，由于定期定额长期投资的时间复利效果，一定程度上分散了股市多空、基金净值起伏的短期风险，因此要坚定长期投资原则，选择波动程度稍大的基金，所以跌的时候更应把握机会买进。

（4）市场走高时尽量不采用定期定额投资

定期定额投资可达成长期理财目标，但市场在走高时，定期定额的回报会比单笔投资低。实际上，由于定期定额是采用小额分批进场的方式，假设每月定期投资1万元，持续投资1年，共投资金额为12万元，由于第1个月的1万元与最后1个月的1万元的投资时间不同，买进价位也有差异，因此回报率也不相同。如果证券市场在走高的时候，投资人买进的价位将是逐渐升高的，因此，投资人于1年前在较低价位一次性投资12万元的回报较为可观。

但值得注意的是，定期定额投资一定要做得轻松、无压力。分析一下自己每月收支状况，计算出能固定省下来的每月闲置资金，选择有上升趋势的市场。超跌但基本面不错的市场最适合定期定额投资，即使目前市场处于低位，只要看好未来长期发展趋势，就可以考虑投资。

4. 如何降低基金投资风险

有投资就有风险，要想获得高收益就必须承担高风险，这是一条无可逆转的规律。基金投资是投资于证券市场的产品，证券市场的波动势必影响到基金的收益，证券市场的投资风险也同样会体现在基金投资中。尤其是对股票型基金来说，净值增长越快，风险系数也越高。投资基金具体有哪些风险呢？

（1）不可抗力风险

不可抗力风险主要指战争、自然灾害等不可抗力发生时给基金投资人带来的风险。

（2）本金与利率风险

对于投资者而言，本金损失是最大的风险，投资者应认真阅读基金招募说明，考察基金的历史业绩，从基金的投资方向和实际业绩中预测本金承担风险的概率。对于购买债券型基金和货币市场基金等固定收益类基金的投资者而言，利率是影响收益的重要因素。利率变化意味着债券价格的变化，利率上升，债券价格下降，基金净值可能下跌；相反，如果利率下降，债券基金净值有望上升。

（3）市场风险

基金是投资于证券市场的证券产品。而证券市场不可能只涨不跌，即使在牛市中，也会面临阶段性风险。证券市场的波动必然会影响到基金净值的变化，也就是说，证券市场蕴含的投资风险也同样会体现在基金投资中。尽管基金有专家理财的优势，尽管基金作为一种投资组合有分散投资风险的作用，但它一样也是存在风险的。

一次市场崩溃就会使投资者的资产大幅缩水，所以市场风险是投资者最为担心也是最难以把握的风险。短期风险难以预测，因此投资者需要有一定的市场风险承受能力。

（4）通货膨胀风险

投资的根本意义就是延迟消费，而通货膨胀是投资者必须回避的因素。一般投资者需要的投资收益率至少要高于通货膨胀率，这样才算是回避了风险。

（5）目标风险

如果投资收益没有达到预期的水平，也会产生风险。投资者经常因为担心在证券市场上遭受投资损失而采取保守的投资策略，同时又担心没有足够的资金来维持日后的生活需求。所以，投资者要根据自己的实际状况选择激进或保守的投资策略。

（6）流动性风险

此类风险通常发生于发展中国家的不成熟资本市场中，一旦基金面临巨额赎回，则基金管理者将被迫出售投资组合中的股票，从而造成市场单方面下跌。即使在成熟、理性的市场，也会发生流动性风险。在市场出现普遍下跌的过程中，很多投资者由于丧失投资信心而赎回基金，也可能导致净值下跌。

（7）不动产增值风险

证券投资的根本意义就是通过牺牲当前的消费机会而获得未来的消费机会。但如果消费品的增值幅度高于证券的投资幅度，就带来了投资的实际损失。这种情况通常发生在房产等不动产市场中，从生产角度来看，虽然房产本身并不产生价值，但它的价格可能会在短期内有极大的上涨，以其为参照进行证券投资，也会产生实际收益为负的风险。

（8）申购、赎回价格未知风险

对于基金单位资产净值在自上一交易日至交易当日所发生的变化，投资人通常无法预知，在申购或赎回时无法知道会以什么价格成交。

（9）投资风险

投资不同的基金，有不同的投资风险。收益型基金投资风险最低，成长型基金投资风险最高，平衡型基金投资风险居中。投资人可以根据自己的风险承受能力和投资偏好，选择适合自己财务状况和投资目标的基金品种。

（10）机构运作风险

开放式基金除面临系统风险外，还会面临管理风险（如基金管理人的管理能力决定基金的收益状况，注册登记机构的运作水平直接影响基金申购赎回效率等）和经营风险等。

如果从分类来看，平衡型基金、债券基金等属于防御性品种，风险相对较小。数据显示，3年年化收益率最好的是混合基金，一般在29.39%—32.36%，而股票3年年化收益率为24.32%。从长期来看，防御品种的表现强于股票型基金。这是因为股票型基金受股市影响较大。一般来讲，股票型、配置型基金受股市影响大。这两种基金与股市的关联度强，受股市波动的影响比较大。在牛市行情的带动下，截至2006年7月12日，股票型基金的最高回报率超过了100%；而当股市进行大幅调整时，同样是这些表现优异的基金虽然可以表现出一定的"抗跌性"，但仍然难以避免股市的系统性风险。

了解了投资基金所存在的风险，女性朋友们该如何去应对和规避呢？以下建议值得参考：

（1）尝试性投资

新入市的投资者在基金投资中，常常把握不住买进时机。

如果在没有太大的获利把握时就将全部资金都投入基市，就有可能遭受惨重损失。如果投资者先将少量资金作为购买基金的投资试探，以此作为是否大量购买的依据，可以减少基金买进中的盲目性和失误率，从而减少投资者买进基金后被套牢的风险。

对于没有基金投资经历的投资者，建议不妨采取"试探性投资"的方法，从小额单笔投资基金或每月几百元定期定额投资基金开始进行投资。也就是设定自己可接受的风险度。

（2）可以考虑定期定额投资

基金的定投是指在固定时间以固定的金额投资到固定的基金中。由于投资时点是有规律的，同样的金额在基金净值较低时可以买到较多的份额，反之，在基金净值较高时买到的份额自动减少。这符合"逢低多买、逢高少买"的稳健投资原则，长期下来，成本和风险自然被摊薄。

股票市场涨跌变化很快，一般大众或投资新手可能没有足够的时间每日看盘，更没有足够的专业知识来分析判断市场高点和低点，因此无法正确掌握市场走势。而基金定投则可以让投资者无须担忧股市的涨跌。基金定投，免去了对投资时点的选择，只要与银行约定好自动转账的划拨账户和扣款金额，一切都可自动进行。

（3）一定要组合投资

市场反复无常，即使最优秀的基金，在短期的市场波动中，也有陷入低点的时候。为规避基金投资风险，投资者应该做好自己的基金组合。只有组合不同风格、特点的基金，才能保证在相当长的时间内，既博取最大收益，又能有效规避风险。

组合投资一般有两种方法。一种是小组合，即在同一类型的基金中选择不同投资风格的基金，这样的组合能避免由于个别基金的投资失误带来的局部风险。另一种是大组合，即在股票型、债券型、配置型、货币型等各类型的基金中进行配置，主要为了避免某个基础市场带来的波动风险。

（4）稀释减损投资法

投资开放式基金的人都可能遇到基金净值下跌的情况，有的基金甚至跌破面值，到了0.8元以下，这时为了止损，许多人便忍痛赎回。可这样的结果往往是赎回的钱存成了稳妥的储蓄，半年之后，利息的年收益也就1.5%左右，可再看赎回的那只开放式基金，其基金净值已经稳稳地涨到了1元以上，算上赎回基金的手续费，投资者整整损失了20%。所以，有的时候这种操作不叫"止损"，应叫"增损"！

遇到基金净值下跌，投资者完全可以换一种思维，不妨用一下"稀释减损法"。假设你手中持有某基金1万份，目前已经从买入时的1元跌到了0.85元，经过观察，你发现该基金有企稳迹象，并且认为该基金具有中长期的投资价值，这时你可以用每份0.85元的价格，采用申购的方式买2万份，增加持仓量，从而"稀释"你持有该基金的成本。这样，该基金上涨到0.9元的时候你就不赔不赚了，此后每上涨0.1元，你就会有3000元进账。

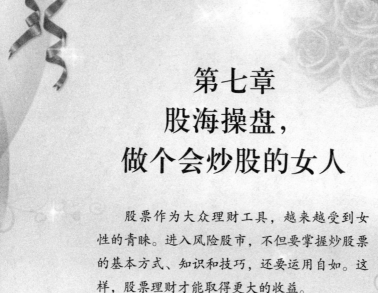

第七章
股海操盘，
做个会炒股的女人

　　股票作为大众理财工具，越来越受到女性的青睐。进入风险股市，不但要掌握炒股票的基本方式、知识和技巧，还要运用自如。这样，股票理财才能取得更大的收益。

1. 做好入市前的准备工作

很多女人投资股票亏损，是因为没有在入市前做好足够的心理准备和投资知识储备。如果没有一定的专业投资知识就投身股市，简直就像盲人开车一样，是十分危险的。

投资者必备的态度

市场对于很多人来讲是梦想的世界、冒险家的乐园，仿佛只要找到正确的经文，念一声"芝麻开门"，财富就可以滚滚而来。然而，真的是这样吗？

尽管大家都知道股市有风险，还是有那么多投资人急功近利渴望迅速成功。在我们身边有很多这样的投资人，他们在市场行情好的时候被暴利传闻所吸引，希望踏上淘金浪潮，将资金刚刚划进帐户，不具备一点点投资知识，就急忙将所有的资金凭感觉或轻易地听信他人意见买进股票。有的人甚至即使只剩下两三千元，也要将他们买成基金或低价股，直到剩下的资金已经不能再进行任何的投资才心满意足，好像今天是最后的买进机会了。

这种现象非常普遍，很多投资人都经历了这样的过程，但是他们也同样在经历了短暂的获利之后，很快陷入了套牢的泥潭，长期在其中挣扎。

事实上，证券市场上的成功不是取决于一些什么奇怪的因素，或者一个人智商的高低，而是与其他行业一样，是对于所从事事业的兴趣，换言之，就是狂热的程度。

任何一个成功的投资者，成功的原因只有一个，就是他真正关心的不只是金钱的波动，而是对股市运作规律产生的兴趣。成功就是狂热迷恋编织的产物。我们必须要有将证券投资作为一项事业去做的认识与决心，而不是当作一个获取暴利的场所。

如果你所希望的只是在证券市场碰运气，或者希望在自己最近无所事事的生活中做一点点缀，等有正式的事再离开：这些想法是十分危险的。证券分析是一个非常复杂的系统，在真正掌握之前，不但要消耗大量时间、精力，而且常常要付出高昂的学费，绝非一朝一夕可以掌握。

入市前的知识准备

股市作为一个虚拟市场，充满了代码、符号、交易规则、法律法规，投资入市必须做好一定的知识准备。

首先，要买一些有关股市的书籍看一看，学习明白其中的要点，再到股市亲身体会一下，对股市有了较深的认识后，这时再进股市炒股，胜算要大一些!

其次，要通晓交易基础知识，这是股市操作的基本功，能够解决投资者如何方便自如地买卖股票的问题，这是投资者入市最起码要掌握的知识，也比较容易掌握。但由于市场的不断完善，新交易规则不断出现，投资者关于交易规则的知识也要不断更新。如2007年新实行的向二级市场投资者配售新股的办法，一些投资者由于对缴款日期不了解，结果中了签的新股又白白失去。

最后，要对股市中的其他方面知识做出充分准备。大体来讲，包括宏观面、基本面、技术面、法律法规等，涉及财务会计学、证券投资学、行业知识、经济法等诸多方面知识。投资者要学会从基本面和技术面来分析股票的走势，通过对决定股票投资价值和价格的基本要素如宏观经济背景、经济政策导向、行业现状、公司经营情况等进行分析，以及通过对股票的量价走势进行分析，评价股票的投资价值，判断股票的未来价格走势，从而能够进行正确的投资操作。

入市前的心理准备

炒股票不是存银行，要有足够的心理准备。心理准备是决定投资成败的关键，特别是一些大的资金，在入市前还要树立正确的投资理念，如顺势交易、不操纵市场等。

尽管大部分股民都知道，股市有风险，入市须谨慎；但少数股民往往想一夜暴富，手中个股天天涨停。有的新股民运气较好，一入市就赚到了钱，于是就忘记了股市风险；有的遭遇挫折以后，就畏手畏脚，错失时机。这些做法都不足取，要时刻牢记股市"高收益高风险"特性，"胜不骄败不馁"，这一道理对于股市中人也一样适用，在挫折面前不灰心丧气，避免做出错误的决定。

要增强风险意识，冷静、客观、理智地研究行情，时刻牢记自己在做什么，为什么要这样做。只有这样才能真正防范风险，避免不必要的损失。

入市前的资金准备

投资者入市一定要有一定的资金保障。

首先，资金来源最好是闲钱，不宜把家里等着急用或有着其他重要用途的钱投入股市，这样风险过大，对于入市心理的负面影响极大。

其次，对于入市资金的数量，至少要超过证券营业部规定的下限，如果证券营业部没有规定存取保证金的下限，入市资金至少要有几千元。因为买股票的最小单位一手为100股，按当前的市价，买一手至少也要四五百元人民币。而且每笔交易额过少，交易费用在交易额中所占比例会相对较高，使得单位交易成本增加。

最后，存入一定量的入市资金，有利于投资者合理控制仓位，半仓操作与全仓操作对于投资者的心理影响是大不相同的。而且，留存一部分资金也有利于投资者套牢时摊低成本。

俗话说：磨刀不误砍柴工。如果你做好充分的准备工作，进场后取胜的把握就会更大一些。

2. 如何选择优良的股票

擅长股票投资的人会说："股票是最好的投资方法。"喜欢不动产的人会说："不动产是所有财富的基础。"而不喜欢黄金的人会说："黄金是过时的商品。"可以说，没有一个人是所有投资项目的专家，因为存在着太多的投资项目和投资产品。

但不管是投资者选择哪种投资产品和投资项目，有一点都是相同的，那就是想通过此次投资获得收益。所以，进行股票投资的你，一旦确定了自己的投资项目，挑选质地优良的股票是很有必要的。那么，投资者该如何选到业绩优良的股票呢？

建议从以下几方面去挑选：

（1）要严格挑选股票，不能怕麻烦

严格挑选股票是股票投资中的主要矛盾。投资的核心问题是如何用较低的风险取得较高的回报，要解决这一问题就必须选好股票。要成为一个卓越的投资者，就必须严格挑选极为优秀的公司，要有"股不惊人誓不休"的精神。那么，什么样的股票才是惊人的呢？主要有两层意思，第一层意思是在有生之年能拥有几只涨幅达到100倍的股票。很多人一听100倍会有些吃惊，其实举几个例子就能说明这并不罕见。比如沃尔玛和微软公司上市也不过二三十年，股价都已涨了500—600倍之多，万科按1990年的原始股股价1元计算，则已涨了1400多倍。第二层意思是选择的股票必须要"集万千宠爱在一身"，就是要拥有多种独一无二的竞争优势。无论从哪个方面来考察公司，无论怎么苛刻，都挑不出影响公司长期成长和收益的毛病来，它是那样卓越和超群。

（2）挑选的公司要具有独一无二的竞争优势

这个"独一无二"极其重要，你会一下子就把优势公司和一般公司筛选出来。如果你用半个小时都找不出一个"独一无二"出来，那就要放弃它了，尽管它可能看起来股价较低。具体来说，这种"独一无二"的优势包括以下六个方面：

①垄断优势

在经济学上，垄断是指单一的企业或少数几个企业控制着某一个行业的生产或销售。通俗地说，就是独家生意。或者说得长一点，是独家经营，或者重要产品、服务的最先推出和独家拥有。具有这种优势的企业或机构，在本地区、本国独此一家，别无竞争。例如，美国辉瑞药厂的伟哥刚推出来的时候，就被独家垄断。当然，垄断除了独家生意以外，还有一种叫寡头垄断，我们在市场上经常能发现，80%的市场和利润被2—3家最大的生产组织所拥有。银行信用卡大部分必须依托万事达或维萨两家国际组织的网络，世界上的碳酸性饮料的市场基本上被可口可乐和百事可乐所垄断。不过，独家垄断更具有优势。

②资源优势

资源就是与人类社会发展有关的、能被利用来产生使用价值并影响劳动生产率的诸要素。许多公司都拥有各自的资源。资源的关键在于稀缺，按照稀缺的程度可以分成不同的等级。比如，江西铜业拥有铜矿，但却还不具备独占的优势，因为很多铜业公司也有铜矿，不能算是最高等级。中国石油的等级就要高一些，南非的黄金、钻石等级更高一些，而盐钾肥所拥有的钾盐矿，则占全国总量的近90%，这种资源的优势就具有独一无二的性质。这些具有独占性质的资源优势的公司最具有投资价值。

③品牌优势

有品牌的企业非常多，但有了品牌并不等于有了独一无二的优势。品牌优势的独一无二简单地说就是要强大，强大到行业第一。茅台号称国酒，同仁堂号称国药，这些品牌已深深地为全国消费者所认可和喜爱。

比如，同样的产品，消费者就要买这个牌子的，哪怕这个牌子贵了很多。

④能力技术优势

能力技术优势，也就是大家讲得最多的核心竞争力。能力指的是公司团队在决策、研发、生产、管理、营销等方面的技能。比如，微软的技术优势简直是世界老大，任何软件产品不适用

Windows系统，你就麻烦了。具有这种优势的公司，往往会持续高速地发展，给投资者带来丰厚的回报。

⑤政策优势

政策优势主要是指政府为加强相关产业的战略位置，制定有利于其发展的行业政策与法规，使相关产业形成某种具有限制意义的优势。除了专利保护和减免税优惠政策外，还有原产地域保护政策。我国的中药行业，有些公司的政策优势就比较明显。例如，云南白药、片仔癀、马应龙三个公司的产品被列为国家一类中药保护品种，在很长时间内别人都不能生产，甚至也不能叫这个名字。

⑥行业优势

行业分析是投资者做出投资抉择时非常重要的一步，有时甚至是投资成功的先决条件。因为有些行业牛股众多，投资获利的可能性高；而有些行业却牛股稀少，投资获利的概率低。这是因为，基本面确实如此：有些行业就是有先天优势，有些行业注定要吃亏。有些行业就是稳定增长，没有周期性，如食品饮料业；有些行业就是门槛高，大部分企业进不来，如航天业；有些行业就是有提价能力，不会你杀价我也杀价，如奢侈品行业；有些行业的产品就是不怕积压，甚至越积压越值钱，如白酒、葡萄酒；有些行业就是集中度高，它们的优势就是竞争对手少，如银行业、保险业，更不要说交易所和银行卡国际组织。而且由于行业壁垒的存在，更体现出了一些行业的优势。如果投资者选择这种具有行业优势的公司的股票，赚钱的可能性就大为增加。

（3）挑选的公司要具有极强的赢利能力

公司拥有极强的赢利能力非常重要。比如，自来水、电力、燃气、桥梁、高速公路、铁路等公用事业公司，虽然具有明显的垄断优势，可是价格受管制，没有自主定价权，能赚大钱的不多。例如，铁路是高度垄断行业，业务好得不能再好，它不太赚钱就是因为事关民生，票价不能乱提。还有很多公司拥有资源优势，但当国际商品资源价格处于低潮时，它也是一筹莫展。我们投资股票，最重要的一点就是看它有没有良好的收益，所有的优势最终也还得落实在收益上。

那么，极为优秀的公司平均每年的利润增长率至少应该是多少呢？好股票应该具有数十倍的成长潜力和前景，平均每年的利润增长率不能低于20%，当然，能超过30%就更好。茅台、招商银行、万科就超过了30%。

（4）挑选的公司的竞争优势和赢利能力要具有持续性

有了某种独一无二的竞争优势，又有极强的赢利能力，还要看它的优势和赢利能力能不能长期保持，也就是通常所说的持续竞争优势。这一点难度更高，更有技术含量。买股票就是买未来，长寿的企业价值高。一个公司在某一年赚钱不难，难的是持续几十年甚至上百年地赚钱。传呼机刚生产出来的时候风光无限，但没持续多长时间就被手机取代了；柯达、乐凯等生产胶卷的公司由于数码相机的出现而变得非常被动。这就需要投资者的眼光更为长远，思想更为深刻。这就需要这个公司"集万千宠爱在一身"，也就是多种竞争优势都具有。

（5）挑选的公司股票要有合适的价格

股票的价格是相当重要的。好公司加上好价格才是好股票。好价格就是指股票要有很大的"安全边际"。当买进的价格远低于其应有的价值时，你就有了安全边际，这可用来抵消大部分人为错误、坏运气或目前变幻莫测的世界中所产生的剧烈摆荡。安全边际主要由股票的价格决定。价格越高，安全边际越小。

沃伦·巴菲特如此描述安全边际：当你造一座桥时，坚持其承载能力要能通过载重3万磅重的货车，但你只开载重1万磅的卡车通过去。同样的道理也适用于投资。那些被大幅炒高，股价远离其内在价值，"安全边际"非常小的股票，一定不要选。即使这家公司非常优秀，也要等其股价降到合理的价位再买入。

3. 股市操盘的八大技巧

股市有风险，如何才能避免风险、求取利益呢？有人要说："多样化，不要把所有的鸡蛋都放在一个篮子里。"然而，美国最伟大的投资者沃伦·巴菲特等人又会说："不要多样化，要把所有的鸡蛋都放在一个篮子里，然后密切关注这个篮子。"

那么，身处股海的女人们到底应该是多样化投资，还是不多样化投资，如何做才能不使自己的利益受到大的损失。其实，投资对于不同的人来说，意味着不同的东西。就像那些一心想富的人会选择风险大、收益大的股票，而上有老、下有小的女性会选择安全性较高的股票。尽管每个人的选择不一样，但最终的目的都是一样的，就是获取最大的利益。为此，以下八大技巧可助你在股海里美梦成真：

技巧一：关于止损和止赢的问题。

止赢和止损的设置对女性股民来说尤为重要，一般来说，有很多女性散户会设立止损，但是不会止赢。止损的设立大家都知道，设定一个固定的亏损率，到达位置严格执行。但是止赢，一般的散户都不会。其实，作为非专业股民的你设置止赢也是有必要的，因为你不知道下一刻股市会疯涨还是狂跌，但是止赢不会让你在股市狂涨中失去理智。

技巧二：不要奢望买入最低点，不要妄想卖出最高价。

有朋友总想买入最低价而卖出最高价，但那是不可能的，有这个想法的人不是一个高手。只有庄家才知道股价可能涨跌到何种程度，庄家也不能完全控制走势，更何况你我了。

技巧三：量能的搭配问题。

有些股评人士总把价升量增放在嘴边，我认为女性股民们应该对创新高的股票格外小心。而做短线的股票回调越跌越有量的股票，应该是做反弹的好机会，当然不包括跌到板的股票和顶部放量下跌的股票。

技巧四：善用联想。

联想是什么？就是根据市场的某个反应展开联想，获得短线收益。一般主流龙头股往往被游资迅速拉至涨停，短线高手往往都追不上，这时候，往往联想能给你意外惊喜。联想不仅适合短线，中长线联动也可以选择同板块进行投资。

技巧五：要学会空仓。

有很多股民很善于利用资金进行追涨杀跌的短线操作，有时候会获得很高的收益，但是对于非职业股民来说，很难每天看盘，也很难每天能追踪上热点。事实证明，主力资金和持仓变化是判断主力进出的最可靠方法，如果你从盘面上看不出来，可以借助第三方网站。比如"财富赢家论坛"，上面的实时资金流向和持仓明细已经成为散户必备的工具。

技巧六：暴跌是重大的机会。

暴跌，分为大盘暴跌和个股暴跌。阴跌的机会比暴跌少很多，暴跌往往出现重大的机会。一般而言，每年大盘往往出现2—3次暴跌。暴跌往往是重大利空或者偶然事件造成的，在大盘相对高点出现的暴跌要谨慎对待，但是对于主跌浪或者阴跌很久后出现的暴跌，你就应该注意股票了，因为很多牛股的机会就是跌出来的。

技巧七：学会选股的时机和技巧。

很多网友是做牛市的高手，很多朋友在牛市的时候随便弄一只股票都是在涨的。但是，一旦股市不好，就不知道如何选股了，哪怕是炒股多年的股民在选股的时候也会犹豫。其实，选股并不是很难，只要你根据一些常用技巧去做，相信总能抓住好的时机。

技巧八：保住胜利果实。

很多女性股民是做牛市的高手，有的能在蓝筹股行情中获得收益50%多，但是她们自己承认自己不是一个高手，因为她们大多属于短线高手型，在震荡市和熊市中往往又把牛市获得的胜利果实吐回去，白白给券商打工。怎样能保住胜利果实呢？除了要设立止赢和止损外，对大势的准确把握和适时空仓观望也很重要。怎样在熊市保住胜利果实呢？我们建议在熊市保住胜利果实的办法就是始终跟踪几只股票，根据市场情况不断地尝试虚拟买卖，不妄图买入历史最低价，升势确立再入场实盘操作。

4. 股票被套牢了怎么办

股市还没开盘，证券营业部里已经挤满了人，所有人的眼睛都盯着大屏幕，等待着屏幕上出现花花绿绿的数字。每个人的脸上都洋溢着对财富的渴望，空气中弥漫着亢奋的味道。

中国的股市确实火了，2007年10月，股市竟然站到了6000点上方。狂欢的盛宴总是令人疯狂，当牛市来临的时候，股市好像摆脱了所有经济规律的制约，蛮横地扶摇直上，没有任何力量能够阻挡这头狂牛。于是更多的人投入到了股海之中，好像股市已经脱离了地心引力，变成了永不疲倦的"永动机"，会永远涨下去。

可是，随着一个个新股民的增加，随着股民投入的资金越来越多，股市开始了过山车一般的下跌。于是那些还完全沉醉在股市发财梦里的人们被套牢了。那么，如何解套呢？通常的解套策略有以下5种，女性朋友们可加以借鉴：

（1）以快刀斩乱麻的方式止损了结

适用于熊市初期。即将所持股票全盘卖出，以免股价继续下跌而遭受更大损失。采取这种解套策略主要适合于以投机为目的的短期投资者，或者是持有劣质股票的投资者。因为在处于跌势的空头市场中，持有品质较差的股票的时间越长，给投资者带来的损失也将越大。

（2）弃弱择强，换股操作

适用于牛市初期。即忍痛将手中弱势股抛掉，并换进市场中刚刚启动的强势股，以期通过涨升的强势股的获利，来弥补其被套牢的损失。这种解套策略适合在发现所持股已为明显弱势股，短期内难有翻身机会时采用。

（3）采用拨档子的方式进行操作

即先止损了结，然后在较低的价位时再补进，以减轻上档解套的损失。例如，某投资者以每股60元买进某股，当股价跌至58元时，他预测股价还会下跌，即以每股58元赔钱了结，而当股价跌至每股54元时又予以补进，并待今后股价上升时予以卖出。这样，不仅能减少和避免套牢损失，有时还能反亏为盈。

（4）采取向下摊平的操作方法

适用于底部区域。即随股价下挫幅度扩增反而加码买进，从而摊低购股成本，以待股价回升获利。但采取此项操作方法，必须以确认整体投资环境尚未变坏，股市并无由多头市场转入空头市场的情况发生为前提。否则，极易陷入越套越多的窘境。

（5）采取以不变应万变的"不卖不赔"方法

在股票被套牢后，只要尚未脱手，就不能认定投资者已亏血本。如果手中所持股票均为品质良好的绩优股，且整体投资环境尚未恶化，股市走势仍未脱离多头市场，则大可不必为一时被套牢而惊慌失措，此时应采取的方法不是将套牢股票卖出，而是持有股票以不变应万变，静待股票回升解套之时。

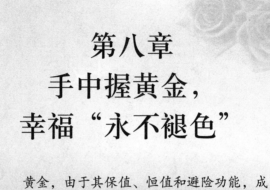

第八章
手中握黄金，
幸福"永不褪色"

黄金，由于其保值、恒值和避险功能，成为一种优良的投资理财工具。对于女性而言，黄金是你资产的"避风港"，更是通胀的"稳定器"，只要有黄金在身，女人的幸福就"永不褪色"。

1. 黄金投资的必要准备

黄金稀有、珍贵和特殊。古埃及和拉丁文里把黄金叫作"可以触摸的太阳"和"曙光"。在很早的时候，金银就已经具备一般等价物的功能了。而在人类历史上，唯一横跨三个领域的特殊物品就是黄金，黄金是货币，黄金是金融工具，黄金是商品。黄金具有货币属性，至今黄金是除美元、欧元、英镑、日元之外的第五大国际结算货币。虽然自20世纪70年代国际货币布雷顿森林体系崩溃以来，黄金走向了非货币化，但至今谁也无法取消黄金的货币属性。

黄金的重要性发挥得最淋漓尽致的时候就是遇到政治危机、兵荒马乱，大家要逃难的时候，就算有钱都没有用，因为当地钞票已经没有人再承认，那时人们只会认金不认人。而美国在处理风险的时候，所采用的方法是发国债、印钞票，提供一个信用的资产保证，而不是在黄金高位的时候，去卖掉8000多吨的黄金储备。

这里面当然有一部分是因为黄金的自然属性，但更重要的原因是黄金具有抗风险的特性。那么，如何投资黄金？投资黄金需要哪些准备呢？

（1）知识准备

要学习一点黄金市场投资的专业知识。投资一个市场，不能盲目，必须去研究、学习、分析它。

要学会看大市。金价归根到底是由供求关系决定的。所以更多的要看黄金的基本面，要看供求。炒金者必须关注国际与国内金融市场两方面对于金价的影响因素，尤其是美元的汇率变动以及开放中的国内黄金市场对于炒金政策的变革性规定。

（2）目标准备

人们投资黄金，从时间上可以分为短期投资、中期投资和长期投资，从获利要求上可以分为保值和增值两种，从操作手法上可以分为投资和投机两种。根据黄金市场价格波动、个人可供投资的资金、个人对黄金市场的熟悉程度、个人投资的风格等，就可以基本确定自己黄金投资的目标。

目标制定好以后并不是一成不变的，投资者应该根据实际情况不断修正自己的目标，以真正达到在控制风险的前提下，努力使收益最大化。

（3）组合准备

黄金是家庭不同投资标的中的一个，不同的投资目标和风险控制要求，不同的市场情况，都会使黄金在家庭投资组合中所占比例发生变化。投资者所居住国家政治、经济、社会安全性高低不同和该国对黄金管制的松严度，也是投资黄金比例高低的重要参照系数。另外，一段时期内其他投资标的预期投资收益的高低也会影响黄金投资的比例。

由于我国政治安定、经济快速发展，能够获取较高投资回报的投资工具不少。这样的大背景，决定了家庭投资黄金的比例不宜过高，以免错失其他良好的投资机会，造成机会成本的上升。对于普通家庭而言，通常情况下，黄金占整个家庭资产的比例最好不要超过10%。只有在黄金预期会大涨的前提下，才可以适当提高这个比例。

（4）信息准备

黄金价格短期来讲，受各种因素影响很大。如果投资黄金的话，还要掌握世界政治、经济、金融各方面的信息。从最近一两年来看，黄金市场一个非常重要的特点就是，2005年以来，黄金市场进入第二阶段，投资驱动代替了美元下跌这一因素成为市场的动力，国际上各种基金进入黄金市场倾向非常明显。因此，要更多地关注资金在黄金市场及其他相关市场的进出运行情况。

由于影响黄金价格涨跌的因素非常多，并且从全球范围考察黄金市场的交易特点是24小时不间断，所以投资黄金对于信息的要求是比较高的。由于资讯业的发达，现在个人要获取黄金相关信息的成本已经大为降低。目前国际上几大通讯社大都发布与黄金有关的信息。国内的信息源也很丰富，除了上海黄金交易所网站，不少财经类报纸、杂志、网站都有相关的信息。

（5）风险准备

当前，世界黄金价格一路猛涨，世界黄金需求量也保持着持续增长的趋势。至2008年年初，上海黄金交易所金价已全线突破每克200元，而国际金价最高也升至900美元/盎司，均创历史新高。世界黄金市场的高调表现，令个人黄金投资热情高涨。

黄金既然是投资工具，就必然存在一定的风险，所以个人炒金者同样应该做好心理准备，即投资获利与风险的预期。在国际市场上，金价的变动仍然是一条在大海上翻滚不定的波浪，它的起伏左右着我们的情绪和理财的决策，只有那些心理强健、敢于在浪尖上舞蹈的人，才有可能成为最终的赢家。

对于黄金作为投资对象的一些缺点，投资者应该有所了解。如黄金本身不会产生类似存款的利息，也不会像股票那样有分红的可能，黄金价格影响因素复杂，黄金保值的机会成本高，以及投资渠道有限等原因，个人投资黄金存在着较大的风险。对时下黄金投资热潮，个人投资者应保持足够的理性。热情与理性的完美结合引导人们走向成功！

2. 常见的黄金投资方式

黄金价格频频创出历史新高，越来越多的女性投资者开始关注黄金投资。但回顾黄金价格的历史走势，不难发现，黄金价格受复杂政治经济因素影响，波动日益剧烈，黄金投资虽蕴藏着许多获利机会，但也包含较大的投资风险。目前，国内黄金市场的投资渠道主要分为以下三种：

（1）实物金：可以长期资产配置

广义上的实物金可分为纪念性和装饰性实物金，以及投资性实物金。

所谓纪念性和装饰性的实物金，前者包括纪念类金条与金币，如"奥运金条""贺岁金条"等；后者则是指各类黄金首饰制品，其不具有真正意义上的黄金投资性质，是因为其价格并不完全取决于金价的波动，影响其价格的因素还有收藏价值和艺术价值等。

同时因为其加工成本带来的较高溢价以及回购不便而导致的流动性欠佳，投资者购买此类实物金并不能享受金价上涨带来的利益。

从目前国内黄金市场的投资品种看，品种日渐丰富多样，交易成本也逐渐减少，正成为女性投资黄金市场的一大选择。

投资专家建议：由于实物金条交易成本高，交易手续不便捷，是适合作为长线投资的品种。推荐策略是买入并长期持有，或定额定投。实物金条的长线投资策略适合多数的普通投资者，无需多少专业知识和投入过多的时间精力。

（2）纸黄金：适合中短线交易

纸黄金是指黄金的纸上交易，投资者的买卖交易记录只在个人预先开立的"黄金存折账户"上体现，而不涉及实物金的提取。赢利模式即通过低买高卖，获取差价利润。相对实物金，其交易更为方便简捷，交易成本也相对较低，适合专业投资者进行中短线的操作。目前国内已有3家银行开办纸黄金业务：中国银行的黄金宝、工商银行的金行家、建设银行的账户金。

投资专家建议：纸黄金交易便捷，交易方式多样，且交易成本远较实物黄金要低，可以作为中短线交易的品种，适合具有一定专业能力的投资者。

（3）黄金期权：金价下跌也能赚钱

与以往传统的"纸黄金"相比，中行推出的"黄金期权"让投资者从金价涨落双向操作中均可获得收益。买卖纸黄金只有在金价上涨时才能获利，在金价下跌时投资者就可能遭受损失，而黄金期权交易却可以为投资者提供做空黄金的工具，投资者在黄金价格下跌时有获利机会。

黄金期权包括买入和卖出期权两种，客户买入黄金期权就是"期金宝"业务。比如，某投资者在2016年1月20日买入一笔黄金看涨期权（期金宝），协定价格为585美元，期权面值为100盎司，期限1个月，所报期权开仓价20美元/盎司计算，投资者付出期权费为20×100=2000（美元）。

此外，期权还可以与纸黄金做组合以稳定投资收益。比如，客户手中有50盎司黄金，当时买入的成本价为640美元/盎司，当金价涨到650美元/盎司时，如果客户判断金价此时会有回调要求，650美元/盎司为短期小高点，但从中长期看不会上涨。若想继续持有黄金，这时，他可以买入看跌权，同手中的黄金做组合。如果以后金价果真下跌，可以赚取期权费；如果金价上升，仅损失期权费用，但手中的黄金可以获利。

另外，黄金投资专家建议投资者，由于黄金期权是一个衍生产品，且在国内市场也是刚刚推出，加之目前国际黄金价格波动加大，虽然个人黄金期权业务是作为规避此类风险的工具出现的，但黄金期权买卖投资战术相对复杂，需要投资者对市场行情充分了解，才能做出价格走势的判断。

综合以上投资方式，各有优势，实物黄金以保值为主要目的，占用的资金量大，变现慢，变现手续繁杂，手续费较高，它的特点决定其适合有长期投资、收藏和馈赠需求的投资者，短期操作也许并不能获得期望的收益率。纸黄金交易方式可以节省实金交易必不可少的保管费、储存费、保险费、鉴定费及运输费等费用的支出，降低黄金价格中的额外费用，提高金商在市场上的竞争力。纸黄金投资资金门槛比较低，操作也比较简单，交易方式多样，且交易成本远较实物黄金要低，可以作为中短线交易的品种。黄金期货的风险较大，投机性强，适合激进型的专业投资者。女性朋友们投资前应根据自身情况做出合理的选择。如此才能规避风险，从而获益。

3. 黄金投资有策略

黄金投资是众平民百姓到富商巨贾皆可参与的市场，已经成为世界性的金融投资方式。目前我国人均黄金拥有量为3.5克，而世界平均水平是25克，在这方面中国的黄金市场还是前景广阔的。女性如果要进行黄金投资，以下方法可供借鉴：

（1）要顺势而为

黄金一旦确立了趋势之后，按照趋势就进入运行周期，这个周期通常是五年，甚至十年，如果要是出现熊市，它的下跌周期也是五年，甚至十年。黄金适合在牛市中做中长线的长期投资，不适合短炒。在熊市中不适合投资，熊市适合做看跌黄金期货和期权。如果仅仅投资实物和纸黄金，在熊市中就需要持有现金，黄金投资价值就比较低。

（2）找准入场时机

我们通过多年的观察，每年6—7月份的时候是黄金一年内非常低的价格，是我们应该可以入场买入的好机会。

每年6月至7月的时候，是黄金的低点，每年10月和12月份的时候，黄金出现高点的概率比较大，10月、11月、12月，这三个月，还要包括每年的2月和3月的时候，黄金出现高点的时候比较多，受到需求关系影响。

每年10月到12月的时候，印度和中国及整个东南亚和南亚的人，对黄金的需求是非常大的，中国是十一节日黄金消费激增，中国很多人喜欢买金银首饰，促进了黄金的消费，每年的10月到11月是印度的一些佛教或者其他宗教的一些节日，印度人的宗教节日有黄金需求，做一些黄金的佛像、黄金的礼品献给佛，造成黄金的大幅需求，每年6月至7月的时候，黄金可能是一年的低点。

在2007年的6月份，黄金基本上走到一个低点641美元每盎司之后，再次证明，6月至7月基本上是黄金盘整见底时候，10月份到12月份黄金价格继续上涨。

（3）利用汇市与金市的联动

如果欧元上涨的话，黄金势必上涨，可以看到黄金先涨，而后欧元追随黄金上涨，如果欧元上涨没有结束，黄金的上涨应该是依然持续。黄金的走势和欧元的走势是一致的，黄金涨、欧元涨，黄金跌、欧元跌。大多数的情况都是这样，有时有时间的先后。2007年以来，欧元兑美元走势持续上涨，并且创造了5年新高。

（4）要学会止损

黄金价格也有波动，没有永远上涨的黄金，也没有永远下跌的黄金，在上涨中，无非就是卖出，只是赚多赚少的问题。如果在黄金下跌的时候，那怎么办？必须要学会止损。

投资纸黄金和投资实物黄金的时候，也需要有一个止损。一定要根据不同的黄金走势做不同的操作组合。

（5）应对大牛市中的中级调整

从黄金走势周线图上我们可以看到，黄金价格过371美元后出现了大幅上涨。在上涨的时候应该赚钱，可是有很多人还是赚不到钱，为什么？

黄金的位置从371美元/盎司上涨到730美元，没有跌破251美元/盎司，之后一直调整到580美元/盎司，很多交易者可能从730美元下跌途中位置买入，当时他认为行情已经见底，630美元买入，结果行情又继续下跌并且跌破600美元，这个时刻是考验交易者的最后的承受力的时刻，经过这样的大跌，很多人的心脏都要加速负荷，很多人在600美元下方亏损卖出。在金融市场中，经常有交易者买一个最高价，卖一个最低价，成为亏损高手。

很多的朋友可能在730美元的时候会买进，然后在590美元止损，这样的话肯定赚不到钱，一定要确定趋势，行情肯定在上涨的趋势中，并且没有结束，可以继续持有。一旦趋势发生变化，则需要立刻止损，越快越好。如果我们在交易中不能把握上涨行情中的一个小调整的话，会让我们蒙受损失，这就是很多人在牛市中赚不到钱的原因。

（6）谨防在上涨中踏空

什么时候要防止踏空，首先现在是六、七月份，这个时间段一定要特别关注黄金的走势，它有可能是今年行情调整之后我们入场的好机会。

因为黄金的需求，当黄金到达一个低点之后就应该是赶紧买入的时候。黄金走势非常有规律，基本上就是说，上涨之后沿着一个上涨通道上涨，下跌的时候，也是这样。黄金的价格也是一浪升、一浪跌，一浪升、一浪跌，但是逐步上涨。所以，每一个下跌的低点都是买入的机会。

（7）先看势再看价

先看势再看价，这是任何投资的一个黄金律条。

举一个例子：黄金的价格在2006的时候达到了730美元/盎司，在2007年年中的时候达到了580美元/盎司。但是在几年前的时候从251美元/盎司之后重新回到了660美元/盎司。如果在去年达到730美元/盎司，跌到580美元/盎司的时候，交易者在660美元/盎司买入，会是什么情况？被套牢。如果在现在黄金出现上涨的时候，在660美元/盎司买入黄金是什么情况？是盈利，因为行情从660美元一直上涨到700美元之上。

为什么在相同的点位会出现截然不同的两种情况？一种赚钱，一种被套，因为时间不同，但是价格一样，那就是不同时间段所处的趋势不一样。

从730美元/盎司到580美元/盎司的时候，黄金是在一个下跌的趋势中，所以在660美元/盎司买入的时候，是在下跌的中途，会损失惨重。2007年，在660美元/盎司买入的时候，黄金的价格一直上涨到730美元/盎司，是买在了上升的途中，肯定赚钱。虽然是一样的价格，却产生两样的结果，就是这个道理。我们在黄金交易中，或者任何的投资市场交易中，一定要先重视势，再重视价。

4. 黄金交易风险早知道

世间万物无绝对。每一件物品有利必有弊，有优点必有缺点。作为高度保值的黄金来说，也一样有缺点，即存在着投资风险。女性朋友们在投资黄金前应该有所了解。

一般而言，黄金投资市场有以下风险特征：

（1）投资风险的广泛性

在黄金投资市场中，投资研究、行情分析、投资方案、投资决策、风险控制、资金管理、账户安全、不可抗拒因素导致的风险等，几乎存在于黄金投资的各个环节，因此具有广泛性。

（2）投资风险存在的客观性

投资风险的客观性不会因为投资者的主观意愿而消失。投资风险是由不确定的因素作用而形成的，而这些不确定因素是客观存在的，单独投资者无法控制所有投资环节，更无法预期未来的影响因素，因此风险客观存在。

（3）投资风险的影响性

进入投资市场一定要有投资风险的意识。因为在投资市场之中，收益和风险始终是并存的。但多数人首先是从一种负面的角度来考虑风险，甚至认为有风险就会发生亏损。正是由于风险具有消极的、负面的不确定因素，致使许多人不敢正视，无法客观地看待和面对投资市场，所以举步不前。

（4）投资风险的相对性和可变性

黄金投资的风险是相对于投资者选择的投资品种而言的，投资黄金现货和期货的结果是截然不同的。前者风险小，但收益低；而后者风险大，但收益很高。所以风险不可一概而论，有很强的相对性。同时，投资风险的可变性也是很强的。由于影响黄金价格的因素在发生变化的过程中会对投资者的资金造成赢利或亏损的影响，并且有可能出现赢利和亏损的反复变化。投资风险会根据客户资金的盈亏增大、减小，但这种风险不会完全消失。

（5）投资风险具有一定的可预见性

黄金价格波动受其他因素影响，如原油和美元的走势、地缘政治因素的变化等，都将影响黄金价格的波动，对于这些因素的分析使黄金投资的操作具有一定的可预见性。客观理性的分析将会为投资操作提供一定的指引。

了解了黄金投资的风险，那么有没有什么办法可以控制风险，降低亏损的可能性呢？答案是肯定的，如果女性朋友们能够合理地控制风险，当出现亏损时保持良好的投资心态，可降低亏损的可能性。具体如何做呢？

①根据资金状况制定合理的操作计划和方案

在操作之前根据资金量大小合理地制定资金运作的比例，为失误操作造成的损失留下回旋的空间和机会。

②根据时间条件制定适宜的操作风格

每个投资者拥有的操作时间是不同的。如果有足够的时间盯盘，并且具有一定的技术分析功底，可以通过短线操作获得更多的收益机会；如果只是有很少的时间关注盘面，不适宜做短线的操作。此时需要慎重寻找一个比较可靠的并且趋势较长的介入点中长线持有，累计获利较大时再予以出局套现。

③树立良好的投资心态

做任何事情都必须拥有一个良好的心态，投资也不例外。心态平和时，思路往往比较清晰，面对行情的波动能够客观地看待和分析，进而理性操作。

④建立操作纪律并严格执行

行情每时每刻都在发生变化，涨跌起伏的行情会使投资者存在侥幸和贪婪的心理，如果没有建立操作的纪律，账面盈亏只能随着行情变化而波动，没有及时地止赢结算就没有形成实际的结果。起初的获利也有转变为亏损的可能，进而导致操作者心态紊乱，影响客观理性的分析思维，最终步步溃败。所以制定操作纪律并严格执行非常重要。

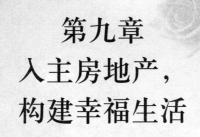

第九章
入主房地产，
构建幸福生活

　　房产是商品，具有使用价值；它又是一个投资品种，人们可以通过房产升值和租金来实现投资回报。所以，当女人有了足够的闲钱，那不妨投资房地产。这样做，一方面房子作为个人资产，存在巨大的升值潜能。另一方面它可以让你找到家的感觉，即便你不缺房子住也可以投资房产来收租金。可以说，房子是承载女人财富梦想的投资产品。

1. 如何选择楼盘和称心的房子

很多人买房后就后悔，房子环境不好，交通不便利，房屋结构不好。总之，有很多不如意的理由。那么，在现时越来越多的新推出的楼盘中，如何寻觅自己如意的栖身之所呢？

（1）位置要有升值潜力

房产作为不可动的资产，所处位置对其使用和保值、增值起着决定性的作用。房产作为一种最实用的财产形式，即使买房的首要目的是为了居住，购买房产仍然同时还是一种较经济的、具有较高预期潜力的投资。房产能否升值，所在的区位是一个非常重要的因素。

看一个区位的潜力不仅要看现状，还要看发展，如果购房者在一个区域各项市政、交通设施不完善的时候以低价位购房，待规划中的各项设施完善之后，则房产大幅升值很有希望。区域环境的改善会提高房产的价值。

以北京为例。随着北京交通路网的建设，车程、车时概念逐渐取代了原来的绝对位置概念。所以在选择区位时还要注意交通是否方便，有多少路公共汽车能够通到小区。交通方便往往是开发商的强劲卖点，有的售楼广告说地铁某号线直达小区、某宽阔大道紧邻小区。其实这有可能只是城市规划中的远期设想。对于交通条件，购房者一定要不辞劳苦亲临实地调查分析。

（2）配套要方便合理

居住区内配套公建是否方便合理，是衡量居住区质量的重要标准之一。稍大的居住小区内应设有小学，以排除城市交通对小学生上学路上的干扰，且住宅离小学校的距离应在300米左右（近则扰民，远则不便）。菜店、食品店、小型超市等居民每天都要光顾的基层商店配套，服务半径最好不要超过150米。

目前在售楼书上经常见到的会所，指的就是住区居民的公共活动空间。大多包括小区餐厅、茶馆、游泳池、健身房等体育设施。由于经济条件所限，普通老百姓购买的房子面积不会很大，购房者买的是80平方米的住宅，有了会所，他所享受的生活空间就会远远大于80平方米。

随着居住意识越来越偏重私密性，休闲、社交的需求越来越大，会所将成为居住区不可缺少的配套设施。会所都有哪些设施，收费标准如何，是否对外营业，预计今后能否维持正常运转和持续发展等问题，也是购房者应当了解的内容。

（3）环境要绿化优美

目前北京住宅项目的园林设计风格多样，有的异国风光可能是真正翻版移植，有的欧陆风情不过是虚晃几招，这就需要购房者自己用心观察、琢磨了。但是居住环境有一个重要的硬性指标——绿地率，即居住区用地范围内各类绿地的总和占居住区总用地的百分比。

值得注意的是，"绿地率"与"绿化履盖率"是两个不同的概念，绿地不包括阳台和屋顶绿化，有些开发商会故意混淆这两个概念。由于居住区绿地在遮阳、防风防尘、杀菌消毒等方面起着重要作用，所以有关规范规定：新建居住区绿地率不应低于30%。北京城近郊居住区绿地率应在35%以上。

（4）布局要容积率适宜

建筑容积率是居住区规划设计方案中主要技术经济指标之一。这个指标在商品房销售广告中经常见到，购房者应该了解。

一般来讲，规划建设用地范围内的总建筑面积乘以建筑容积率就等于规划建设用地面积。规划建设用地面积指允许建筑的用地范围，其住区外围的城市道路、公共绿地、城市停车场等均不包括在内。建筑容积率和居住建筑容积率的概念不同，前者包括了用地范围内的建筑面积，而总用地一样，因此在指标中，前者高于后者。

容积率高，说明居住区用地内房子建得多，人口密度大。一般说来，居住区内的楼层越高，容积率也越高。以多层住宅（6层以下）为主的住区容积率一般在1.2至1.5左右，高层高密度的住区容积率往往大于2。

在房地产开发中为了取得更高的经济效益，一些开发商千方百计地要求提高建筑高度，争取更高的容积率。但容积率过高，会出现楼房高、道路窄、绿地少的情形，将极大地影响居住区的生活环境。

（5）居住区内交通要安全通畅

居住区内的交通分为人车分流和人车混行两类。目前作为楼盘卖点的人车分流，汽车在小区外直接进入小区地下车库，车行与步行互不干扰。小区内没有汽车穿行、停放、噪音的干扰，小区内的步行道兼有休闲功能，可大大提高小区环境质量，但这种方式造价较高。

人车混行的小区要考察区内主路是否设计得通而不畅，以防过境车流对小区的干扰。是否留够了汽车泊位，停车位的设置是否合理，停车场若不得不靠近住宅，应尽量靠近山墙而不是住宅正面。

另外，汽车泊位还分为租赁和购买两种情况，购房者有必要搞清楚：车位的月租金是多少；如果购买，今后月管理费是多少，然后仔细算一笔账再决定是租还是买。

（6）价格要弄清楚

看价格的比较时，首先要弄清每个项目报的价格到底是什么价，有的是开盘价，即底价；有的是均价；有的是最高限价；有的是整套价格，有的是套内建筑面积价格。

最主要的是应弄清（或换算）所选房屋的实际价格，因为这几个房价出入很大，不弄明白会影响你的判断力。房屋出售时是毛坯房、初装修还是精装修，也会对房屋的价格有影响，比较房价时应考虑这一因素。

（7）通风效果要好

在炎热的夏季，良好的通风往往同寒冷季节的日照一样重要。一般来说，板楼的通风效果好于塔楼。目前楼市中还有塔联板和更紧密结合的塔混板出现，在选择时，购房者要仔细区别哪些户型是板楼的，哪些户型是塔楼的。

此外还要注意，住宅楼是否处在开敞的空间，住宅区的楼房布局是否有利于在夏季引进主导风，保证风路畅通。一些多层或板楼，从户型设计上看通风情况良好，但由于围合过紧，或是背倚高大建筑物，致使实际上无风光顾。

（8）户型要合理舒适

平面布局合理是居住舒适的根本，好的户型设计应做到以下几点：

入口有过渡空间，即"玄关"，便于换衣、换鞋，避免一览无遗。

平面布局中应做到动静分区。动区包括起居厅、厨房、餐厅，其中餐厅和厨房应联系紧密并靠近住宅入口。静区包括主卧室、书房、儿童卧室等。若为双卫，带洗浴设备的卫生间应靠近主卧室。另一个则应在动区。

起居厅的设计应开敞、明亮，有较好的视野，厅内不能开门过多，应有一个相对完整的空间摆放家具，便于家人休闲、娱乐、团聚。

房间的开间与进深之比不宜超过1：2。

厨房、卫生间应为整体设计，厨房不宜过于狭长，应有配套的厨具、吊柜，应有放置冰箱的空间。卫生间应有独立可靠的排气系统。下水道和存水弯管不得在室内外露。

（9）设备要精良到位

住宅设备包括管道、抽水马桶、洗浴设备、燃气设备、暖气设备等。主要应注意这些设备质量是否精良、安装是否到位，是否有方便、实用、高科技的趋势。

以暖气为例：一些新建的小区，有绿色、环保、节能优点的壁挂式采暖炉温度可调，特别是家里有老人和儿童时，可将温度适当调高，达到最佳的舒适状态。

（10）要节能效果好

住宅应采取冬季保温和夏季隔热、防热及节约采暖、空调能耗的措施，屋顶和西向外窗应采取隔热措施。按建筑热工分区，北京地处寒冷地区，北向窗户也不宜过大，并应尽量提高窗户的密封性。住宅外墙应有保温、隔热性能，如外围护墙较薄时，应加保温构造。

（11）隔音效果好

噪声对人的危害是多方面的，它不仅干扰人们的生活、休息，还会引起多种疾病。《住宅设计规范》规定，卧室、起居室的允许噪声级白天应小于50分贝，夜间应小于或等于40分贝。

购房者虽然大多无法准确测量，但是应当注意：住宅应与居住区中的噪声源如学校、农贸市场等保持一定的距离；临街的住宅为了尽量减少交通噪声应有绿化屏幕、分户墙；楼板应有合乎标准的隔声性能，一般情况下，住宅内的居室、卧室不能紧邻电梯布置，以防噪声干扰。

（12）面积要适宜

随着小户型热潮的兴起，商品房的套内面积稍稍降了一些，但是许多购房者仍然认为住房面积越大越好，似乎小于100平方米的住宅就只能是梯级消费的临时过渡产品。甚至一些经济适用房也名不副实，大户型、复式户型盖了不少，致使消费者也被误导，觉得大面积、超豪华的住宅才好用。其实尺度过大的住宅，人在里面并不一定感觉舒服。从经济上考虑，不仅购房支出大，而且今后在物业、取暖等方面的支出也会增加。

住宅档次的高低其实不在于面积的大小，三口之家面积有70至90平方米就基本能够满足日常生活需要，关键的问题在于住宅是否经过了精心设计，是否合理地配置了起居室、卧室、餐厅等功能区，是否把有限的空间充分利用了起来。

（13）公摊面积要合理

商品房的销售面积＝套内建筑面积＋分摊的公用建筑面积；

套内建筑面积＝套内使用面积＋套内墙体面积＋阳台建筑面积。套内建筑面积比较直观，分摊的公共面积则可能会有出入。分摊的公共建筑面积包括公共走廊、门厅、楼梯间、电梯间、候梯厅等。

购房者买房时，一定要注意公摊面积是否合理，一般多层住宅的公摊面积较少，高层住宅由于公共交通面积大，公摊面积较多。同样使用面积的住宅，公摊面积小，说明设计经济合理，购房者能得到较大的私有空间。但值得注意的是：分摊面积也并不是越小越好，比如楼道过于狭窄，肯定会减少居住者的舒适度。

（14）物业收费合理、服务到位

买房时购房者一定要问问，物业公司是否进入了项目，何时进入项目。一般来说，物业公司介入项目越早，买房者受益越大。

若在住宅销售阶段物业公司还没有介入，开发商在物业管理方面做出许多不现实、不合理的承诺，如物业费如何低、服务如何多等，待物业公司一核算，成本根本达不到，承诺化为泡影，购房者就会有吃亏上当的感觉。

物业管理是由具备资格的物业管理公司实施的有偿服务，北京地区小区物业管理费标准因住宅等级、服务内容、服务深度而异。物业管理费都有哪些内容、冬季供暖费多少、小区停车位的收费标准、车位是租是卖等，买房前都应问清楚，以便于估算资金，量力而行。

其实，一些开发商将低物业收费作为卖点实在没有什么可信度，因为物业收费与开发商根本没有什么太大关系。项目开发、销售完毕，开发商就拔营起寨、拍拍屁股走人了，住户将来长期面对的是物业管理公司、物业管理是一种长期的经营行为，如果物业收费无法维持日常开销，或是没有利润，物业公司也不肯干。

一般来说，规模较大的社区能够为餐馆、超市、洗衣店、会所等项目提供充足的客源，住户也相对容易得到稳定、完善和低价的物业服务。如果购房者还是难以承受每月数百元的固定支出，建议干脆选择经济适用房项目，因为经济适用房的物业收费标准很低，而且受政策的严格控制。

2. 如何买到真正超值的房产

若找到真正超值的房屋，不仅长期投资回报率高，而且在买入时就是赢利的，换句话说，每个月它都能给你带来正的现金流，而不是负的。

在那些房地产经纪人或热情的售楼小姐极力向你推荐楼盘、住宅、二手房时，有一点你必须清楚：他们的重点在交易，只要有交易就有提成；而你的重点是在投资，稳妥的投资。因此，在投资房产时，你需要一个客观的房产经纪人或售楼小姐为你提供准确的参考信息，而剩下的事情则需要你自己来判断了！具体如何做呢？

（1）找准风向标

买房为什么需要风向标？因为它能够指引你找到升值潜力

大的开发项目。如今，众多媒体在争论房地产市场是否存在"泡沫"，房价究竟是高是低。但是，购房人大可不必考虑这个问题，也不要管收入房价比、房屋空置率等，你所要关心的就是看银行对买房贷款的态度，如果银行对某个房产开发项目的贷款较松，就说明这处房产的市场看好；如果银行管理得较严，就说明此处房产的市场风险较大。因为银行在决定是否为某处开发项目做贷款前，都会进行详细的调查，如果此项目的前景不好，银行在贷款的过程中一定会很严的。因此说，银行的态度往往比专家的话还要真实、准确、可信。

（2）买涨不买落

房地产投资与其他投资一样，是很难摸到市场的价格底线的。如果不是为了急住，当房价开始下跌时，千万不要有抄底心理，还是持币观望为好，因为房价下跌一定有很大的因素影响，这很可能使此处房产的价格在短时间内无法上涨，而那些房价刚要开始走高的房产，也一定会在短期内有一个较大的增长，所以，买房应该买涨而不买落。

（3）参考平均价

经常听到有人讲房屋的平均价格在下跌，原因是房子在增多。其实，房屋平均价格的下跌只是表面现象，因为房子增多代表着市场需求，也反映着政府的政策导向，房产增多的地区发展一定会很快，买此处的住房肯定稳赚不赔。

（4）学会"抓机会"

要在房地产市场上赚钱，就应该善于"抓机会"。比如，把楼盖完的房地产商搞"内部认购"，只是因为手续还没办完，所以较为便宜；房子有预售许可证，但因土地使用证还没有办下来，价格很低；某项目正在施工，销售的房产属于期房，但附近将要修路或修建地铁站……此时，不要等房子建好再买，而应该提前购买，因为房屋或附近的设施建好后，房价肯定会大幅上升。

（5）挑便宜的买

如今，什么样的房子都有，但贵的房子并不一定就是好房子，因为不同的开发商会选择不同的营销手法，有的开发商就希望以薄利多销的形式通过价格占领市场，而有的开发商则将价格定得较高，认为高价销售50%的利润要超过通过薄利多销方式销售70%的效果，所以，他们宁愿高价销售50%。因此，购房人在选择房屋时，奉行"不求最好，只求最廉"的原则，买同一地区价格最低，但品质相差无几的房子，相对来讲，抗跌力要强很多。

（6）计算养房成本

虽然"买房就是买生活"，买小社区更能彰显个性，但是，大社区的使用和维护成本往往低于小社区。作为买房人，你不可能免费享用社区内的所有设施和服务，比如会所、地下车库等，购房人想要使用，都得花钱，而且，公共设施越多越豪华，购房人支出的费用就越多，毕竟羊毛要出在羊身上，没有人会免费为你提供服务，所以，买房时不能不考虑养房的费用。

（7）心态要平稳

任何投资项目都有升值和贬值的时候，所以，作为购房人，不要因为所购房产升值就扬扬自得，也不要因为房产贬值就心情烦闷，因为购房也是为了更好地生活，能够高兴地生活，如果心态不平稳，容易受房价的涨跌所左右，那还不如不投资房产。

3. "月光族"翻身做"地主"

郑智化有一首《蜗牛的家》，歌词是这样的：

密密麻麻的高楼大厦，找不到我的家，在人来人往的拥挤街道，浪迹天涯；我身上背着重重的壳，努力往上爬，却永永远远跟不上飞涨的房价；给我一个小小的家，蜗牛的家，能挡风遮雨的地方，不必太大；给我一个小小的家，蜗牛的家，一个属于自己温暖的，蜗牛的家。

看了这段歌词，你是否感觉到这是在说自己呢？也许很多人都会有同感，近几年来，房价一直是处于居高不下的状态，而且呈现稳步增长的状态，自2000年以来，房地产价格持续上涨。从原来的四五千元一平方米到后来的七八千元一平方米，再到现在的几万元一平方米，当前，如果你想买一套房子，没有几百万元，是很难买得上的。所以，一部分人，尤其是80后提起房子，都是谈房色变。当然，对于很多买不起房，或者买房困难的人来说，这更是一种真实的写照。

但金蝉可以脱壳，毛毛虫可以变蝴蝶，朴质的蛋壳也可以变得很华丽，在如今的社会，没有什么是不可能的。没有房子的月光族女性，只要谋划着蝶变，一样可以改变身份，让自己成为一个有产者，自如地享受现代生活。

李小静大学毕业后在北京一家电子企业上班，一直租房居住，房租1200元。没有自己的房子，她在同事们面前总觉得没有面子，但手头没有太多的钱，所以一直不能买房。其实，她的工资不低，每个月6000多元，但用于旅游、购买化妆品、和同事"腐败"等，每个月基本都成了月光族，哪有资金买房？

前不久，一个同事提醒李小静说，与其这样租房居住，不如按揭一套小户型。由家里出资付首付，然后自己出资还银行贷款。李小静算算账，其实，只要自己节约一些，完全可以省一笔钱，每月还贷款的。

下定决心买房，李小静于是四处看总价100万元左右的房子，最后，她看中了远郊区的一个楼盘。她准备首付两成30万元，然后按揭贷款30年，每月还款3000多元。

李小静购房没多久，房价开始不断飞涨，现今没有150万元是拿不下李小静那套小公寓的。当然，除了巨大升值潜力，有房跟无房的身份也大不一样了。想想看，我是有房一族，那是什么派头啊，很多同事都会艳美。所以，按揭虽然会让李小静在痛苦和幸福共存中生活，但让自己懂得了钱的价值，能体会到无上的尊崇，也是很值的。

房子对于很多人来说，是一种生活中的必需品。月光族翻身做"地主"时应注意以下要点，否则你是刚出"狼窝"又进了"虎穴"，"地主"没做成反倒成了"房奴"。

①月光族要掌握自身资金状况，确立理财目标，逐渐储备，积少成多。工作几年下来，也能打下一定的买房经济基础。

②月光族年轻人买房时，不宜好大喜贵，应抛弃必须一步到位的思想，根据自己的实际情况灵活选择。尤其在选择按揭方式时，不宜过分要求年限短，或急着想尽快还清贷款而过分压缩日常生活开支，降低原本应该保持的生活质量。

4.买卖二手房，都做大赢家

二手房问题，是很多人所关心和津津乐道的话题。有房一族都希望自己的房子能卖上个好价钱，买房一族都希望自己不做冤大头，那么，如何做才能让卖家和买家都有利可图呢？

李女士有一套房子准备出售，看房的先后来了好几个，大家共同的意见是房屋结构没有问题，就是房子太破旧了，好像建造年代久远，狠杀价格，弄得李女士很被动，三个月也没有将房子出手。为了能让房子尽早出手，李女士休息日便将房子整理了一下，废旧物品清理了，墙也重新粉刷了一遍，擦亮地板并在上面打了一层蜡。同时还让丈夫把窗户之类的都进行了维修。经过一番整理，房子焕然一新。这天，又有人来看房了，李女士心想：这整理房子又投进去了2000块钱，还把我给累坏了，我应该把价位再调一调。于是，李女士在原来的价位上再加了1.8万元，想看客户如何砍价，谁料想客户却爽快地接受了。这让李女士有些纳闷了，以前便宜没人买，现今价格高了反倒有人买了，于是她追问了客户原因，得到的答案是："这房子很整洁，有一种回家的感觉。"就这样，李女士的房子出手了，还比预想的多卖了1.8万元。

那么，我们在卖房时应该如何做，才能卖到好价位呢？

（1）以买同样房源的身份到中介公司探明市价，通常买房时中介报得偏高，卖房时则报得偏低，如此你就能准确地定位自己的房子应该售多少钱了。

（2）花点小钱把房屋里明显的不雅之处修修补补，卖相好卖价才好。

（3）最好在有家具的时候让人来看房，我们卖的不是房子，而是关于未来的梦想生活，让买家看家徒四壁的空房，很可能会越看越没感觉。当然，家具还可以遮丑。

（4）别一有要看房的买家，就生怕卖不出去似的，就说我们忙得很，只有周六上午有时间，你看到那时候，看房的人多自然买者的压力也大，结果自然是可想而知了。

经过以上一段，卖房的是能有好价了，可是买房的可就有些吃亏了，毕竟钱能省则省，若能用最少的价钱买到最好的房子是所有人的想法，那么我们买二手房时应该注意些什么呢？

（1）不要轻信网上的信息。只有推荐房子的那个人是真的，房子和价格都可能是假的，真要通过网络买房，就找个可靠的中介，再进行实地考察。

（2）物业很重要，关系到今后能不能让你住得舒服，能否升值。因此，在购买之前不妨多去小区走访走访，看看保洁打扫得干不干净，门卫是不是恪尽职守，"土著"们怎么说。

（3）不同的阶段买房的诉求不一样。二十多岁的看看交通，三四十岁的看看学校，五六十岁的看看医院。

（4）看房就像相亲，对上眼最重要，没有完美的房子，就如同没有完美的爱人。

（5）该出手时就出手，只有买不着的房，没有卖不掉的房。

（6）房产证上写的面积是真的，现实中不少在自家院里盖小平房要算面积的。

（7）业主当年购房时的各项发票要全，因为关系到你过户交税费的问题。

（8）费用要结清，物业费、供暖费、车位费一个都不能少。

（9）别为了精装修买房，自己住过的精装修比专为投资的精装修要好，住过的比没住过的要好，至少问题都已暴露了。为了多卖10万元花1万元装修的大有人在。

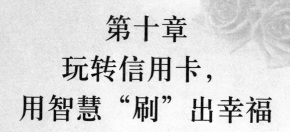

第十章
玩转信用卡，
用智慧"刷"出幸福

　　"一卡在手行天下"，信用卡的使用不仅简化了消费过程，而且使女人无论购物、美容、网购都畅通无阻。而且信用卡还给女人们带来了如享有打折、积分换礼、无利息度过"青黄不接"的时候等切实的优惠。可以说，女人只要玩转了信用卡，就能用"智慧"刷出自己的幸福生活。

1. 别让信用卡成为你的脚镣

当钱包里厚厚一沓钞票已经被一张张巴掌大的银行卡取代的时候，刷卡消费就已经和人们的生活紧密地联系在一起了。对于"持卡族"来说，无论在商场、超市、酒店、娱乐场所甚至是网络，只要有一张银行卡就能够随时随地消费，极为便捷。

然而，有些"持卡族"在尽兴享受银行卡带来的便捷时，却也因没能安全使用信用卡，而使自己蒙受了一定的经济损失。

在一家私企工作的李静每个月都不知不觉地将工资花了个一干二净。她认为，应该趁年轻穿好的吃好的，于是就疯狂地爱上了逛街。原来将一个月的工资花光也就算了，可自打她办了一张信用卡之后，因为花着明天才需要还的钱，她简直就是"如鱼得水"。心情好时就疯狂购物，享受生活；心情不好时，也拿逛街购物来安慰自己。两三个月的时间已经刷卡消费了2万多元，尽管负债累累，李静仍然乐此不疲。

《购物狂》里女主角就是这样的疯狂购物者，身揣20多张信用卡四处血拼，直到所有卡都刷爆了，只能宣布破产，守着买来的东西无计可施。

其实，这是"提前消费"理念产生的副作用。对于自己想买的东西，在一两个月之内全部都用信用卡购买的话，那就像是自掘坟墓一样。因为你不会像用现金那样"胸中有数"，根本就不清楚自己能不能偿还这些欠款。有了信用卡之后，就算没有钱也能出去吃好吃的，买新衣服，还能出去旅行。因为玩得忘形了，所以把那么高的利息以及欠的债也都忘得差不多了。

为什么银行对顾客提供这么多的好处呢？银行可不是什么圣诞老爷爷。消费者使用信用卡，不必在当天就把钱给还清，银行会在一个多月之后才发来账单，且如果是这一个多月都没有利息的话，在这一个多月之中还可以继续买东西。

银行都是以"最大利润"来作为自己的目标。要是以个案的情况看，他们的利润就很可观了。销售人员以无息分期付款作为条件，使得消费者盲目用卡，只看到自己眼前的一点蝇头小利，最终沦为银行的奴隶，所以，不能因为占得了先预支的便宜就随便消费。

如果买卖合约成立的话，销售人员会先把分期付款的合约书卖给财务公司，销售人员就能从中获得一些利益，而你的分期付款中都包含了这些小费。别以为财务公司会赚不到钱，要是签了分期付款合约书的顾客不能按时还钱的话，那么财务公司可能会用高得吓人的利息来催你还钱的。

所以，我们要形成健康的消费心态。建议每次购物前先做一份购物清单，一旦看到让自己产生消费欲望的商品，就拿出清单看一看，如果不是必需，还是能省则省吧！

另外，由于刷卡购物时少了数现金、付现金这一直接和现金打交道的环节，也少了花钱心疼的心理感受，超支购物或者信用卡大笔透支也就在所难免。所以，购物时最好用现金来付账，在真正需要的时候才动用信用卡。还有一点就是给你的信用卡减减肥，把那些过多的信用卡都取消掉。

信用卡作为一种可"预支"的消费工具，让越来越多的人享受到了"向明天的自己借钱，过今天名人的生活"，也享受到了"喜刷刷"的便利与购物换礼的惊喜。那么，信用卡都有哪能些功能呢？

（1）循环信用借还灵活

循环信用使持卡人资金周转更加灵活。发卡行根据持卡人个人的资信情况，会给持卡人一定比例的透支额度。持卡人若急需资金，无须提供任何担保，可先用卡片的信用额度进行消费。若在免息期内（一般最长为50天）还款，银行不收取利息。持卡人也可选择延期还款，以将现金投资于有更高报酬的项目。不过应审慎于评估并比较投资报酬率与循环信用利息。

（2）用好联名卡

联名卡是发卡银行与商家共同发行的卡片。持联名卡除可享受信用卡的便利外，还可得到商家提供的一定比例折扣或回赠和其他增值服务。

（3）买基金先投资后付款

基金是一般人最容易上手的投资理财工具，持卡人若以信用定额购买基金，可享受先投资后付款及红利积点的优惠。在基金扣款日刷卡买基金、到信用卡结账日才缴款，不但可赚取其间的利息，若遇基金净值上涨，等于还没有付出成本就赚到了报酬。

（4）生活琐事总管家

信用卡的支付功能也十分多元化，电话费、汽车牌照税、油费及部分交通违规罚单，都可用信用卡付款。另外，信用卡还可以用来拨打国际电话，持卡人只要使用密码，信用卡摇身一变又成了电话卡。

（5）额度临时调整解燃眉之急

信用卡还有临时额度的调整服务，比如，出国办事等，比平时有更高的消费需求，持卡人可随时致电银行，进行增加临时额度的申请，银行会根据个人的用卡记录，综合评定后提供临时额度。诸如装修、结婚、大额购物等，额度不够，可申请临时额度，当然前提是必须讲信用，有正常还款记录。

（6）巧用免息分期购物

"割得起肉，买不起葱花"，这大概是不少买房子的人难以避免的尴尬。不过，如果你手里有一张银行的信用卡，就可分期付款采购装修材料。分期付款产品主要集中在品牌电脑、高档音响及洗衣机等大件商品上。银行会定期公布分期付款商品名录，同时限定持卡人在一定时间内申请认购有关商品。所购商品如果出现任何质量问题，消费者可以直接和商家联系更换或维修。

（7）轻松记账，指导消费

记账应该是理财的第一步。很多人嫌麻烦，不少人没这个习惯，有多少花多少。信用卡可以帮我们记账，从而培养理财观念。当收到信用卡每月的账单，请记得要留下做整理，因为每月账单会列出消费的商店、日期、金额，甚至是品项，即可用其分析出消费形态，检讨自己是否有多余的花费，以减少日后的浪费。

信用卡每月结账单累积一段时间后，逐笔列出消费的日期、商店品项及金额，做整理、分析，可以对自己的消费形态有基本认识。如果持有多家银行发行的信用卡，那就得多做点功课了。如果消费者有两张以上的信用卡，建议不如利用不同的信用卡来做各属性花费的支出管理功能。

总之，信用卡不但是方便的支付工具，还是持卡人理财的好帮手。如果正确使用，它能成为你进入理财之门的一把钥匙。

2. 如何运用信用卡理财

信用卡不仅仅是我们购物支付的工具，更是我们理财的好帮手，玩转信用卡，将会使我们的理财更成功。那么，如何运用信用卡理财呢？

（1）卡还钱

一般，银行的信用卡都有最短25天、最长55天的免息还款期。但若选择恰当的时间消费，则可拉长还款时间。比如，若某行每月的20日为账单日，15日为记账日。如果持卡人在每月19日消费的，还款期到次月15日，只有27天。但如果是21日消费，则还款期可一下到第三个月的15天，最长可达55天。因此，信用卡使用时的要点是：在账单日的第二天开始消费，这样就能享受最长的免息期。若你持有两张信用卡，就可以灵活利用各种卡不同的账单来拉长还款时间。

但必须注意的是，你应明确每张卡的账单日、记账日、还款日。以免耽误还款，遭罚高额利息。

（2）卡生钱

养成用信用卡消费的习惯，还可以得到额外的礼品。基本上
每家银行的信用卡都会按消费额来计算积分，每一元积一分，通
过消费积分，每年年初可以用积分跟银行换奖品。银行为了推广
信用卡，经常会推出一些贴身和价格优惠的服务。如里程积分、
酒店折扣等。

此外，刷卡能否获取积分，还要看刷卡的是何种POS机，如
餐饮、家电购买等一般生活消费，这类消费场所里的POS机都能
按金额积累积分，但是诸如买房、买车这样的大笔消费，就不能
享受积分。

（3）钱生钱

信用卡消费，银行通常都给30—50天的免息期，女性朋友
们完全可以充分利用这一点，让银行的钱为自己赚钱。方法很简
单，就是将你每月的工资留下应急现金后，全部购买货币市场基
金。然后日常消费尽可能全部使用信用卡透支，到每月还款日的
前一天赎回相应金额的基金还款即可。可能你会觉得这样做很麻
烦，其实花上几分钟，通过电话或者网上银行就可以全部完成。
这样，在不干扰你的日常消费的情况下，充分利用了信用卡透支
的利息而得到购买货币市场基金的分红回报。虽然会因为投资时
间较短而获得的分红较少，但是聚沙成塔，小钱的力量也不容
忽视。

当然，在充分利用信用卡的理财功能的同时，我们还应注意
以下几点：

（1）理性消费

银行和商场经常联手进行优惠活动，如积分换大礼、刷卡享

受折扣等。不过，对于不理性的消费者来说，很容易为了换积分而买了不太需要的东西。因此，用信用卡消费一定要有所控制，确实需要的东西才买，适当调整自己的消费习惯，消费额度一定要跟自己的收入相匹配，以免造成过度消费，到期不能还款，背负很高的利息。

（2）按时还款

刷卡过后别忘记及时还款，对账单寄到之后一定要详细查看还款日期，不要选择还款日当天在自动存款机还款，最好在柜台确定已还清透支款项。如果到期未能还清款项，银行会收取每日万分之五（年息18%）的高额利息和滞纳金，那就得不偿失了。

（3）不鼓励存取款

在信用卡中存款，没有任何利息。大多数银行规定无论是否属于透支，国内取现手续费不低于1%（国外不低于4%）且有最低手续费金额规定。如果属于透支还要征收万分之五的日息。

（4）谨慎选择"最低还款额"

要提醒消费者的是，每个月的账单上会显示一个最低还款额，是为那些无力全额还款的人准备的，一旦选择按照最低还款额还款，就动用了信用卡的"循环信用"，银行将针对未还欠款从记账日起征收利息。

（5）用卡要有安全意识

用卡还需提高安全意识，银行卡遗失要及时通过电话银行等方式办理挂失锁定风险；网上购物要保护好自己的密码、账号信息不泄露；刷卡购物时不要让银行卡离开自己的视线，避免被不法分子复制。只有使用得当，才能够尽享信用卡带来的生活便利。

3. 避开信用卡误区

"向明天的自己借钱，过今天名人的生活。"如今，利用信用卡享受这种生活方式的女性越来越多，信用卡也日益成为了时尚女性钱包中必备的"武器"。可由于一些女性对信用卡的使用规则不熟悉，在使用中存在很多误区，结果不仅带来了麻烦，也导致了不必要的损失。因此，女性在使用信用卡的过程中，以下几个误区须避开：

（1）免年费又送礼，不办白不办

如今，银行为了开发更多的客户，往往通过各种方式来吸引客户办卡，比如，信用卡年费打折、刷卡送年费，甚至干脆免年费。还有办卡送礼等促销活动，这不免让人心动，有人一办就是好几张。她们大多抱有这样的想法：既然免年费，而我又不打算用这些卡去刷卡消费，根本就不会产生利息方面的问题，办一张可以拿一个礼品，不办白不办。

却不知，免年费并非年年免，一般只是免一年，而一旦你办了卡并拿了礼物，半年内是不能销卡的，稍加忽略就很容易跨越两个收费年度。而且免年费大都是建立在一年内消费刷卡满一定次数的基础上，信用卡一旦激活即使从来没用过，也要收取年费。如果持卡人到期没有缴纳年费，银行将会在持卡人账户内自动捐款，如果卡内没有余额，就算作透支消费。免息期一过，这笔钱就会按年利率"利滚利"计息。因此，千万不要受那些免费馈赠的小礼物的诱惑办一些自己不需要的卡，否则那一张张卡的年费催缴单会让你追悔莫及。

（2）信用额度越高越好

尽管银行会根据持卡人提供的资产情况、收入水平等给予他们一定的信用额度，即持卡人只能在这一额度内透支消费。但是事实上，有的银行为了使自己发行的信用卡占领更多的市场份额，同时也是为了获取更多的透支利息，在核准的信用额度之外，还会给予持卡人一定比例的浮动信用额度。而有些女性为了满足自己过高的消费需求，总希望信用卡的透支额度能够高点、再高点。

其实，信用卡信用额度并非越高越好，信用额度首先要考虑个人的还款能力，同时还要考虑到持卡的安全性。如果你的信用额度很高，信用卡又被别人盗用，那么损失也是很大的。所以，在办信用卡时，最好不要申请过高的信用额度，切莫跌入疯狂透支消费的陷阱之中。

（3）偿还了最低还款额就不会吃罚息

信用卡有两种还款方式：全额还款和最低还款额还款。通常持卡人都适合选择全额还款，这是指持卡人在规定的到期还款日前还清账单上列示的全部还款额。选择金额还款时，消费款项可享受20—50天的免息待遇。对于一些有特殊需要的持卡人也可选择最低还款额方式，这是指银行规定持卡人应偿还的最低金额，只要你在到期日前偿还最低还款额或以上金额即可享有循环信用。但要注意的是，选择此种方式的持卡人不再享受免息期，须据实缴纳利息。因此，信用卡持卡人在偿还信用卡的欠款时，千万不能为"最低还款额"所误导，而须牢记"全额还款才可享受免息待遇"，理性控制自己的财务支出，以免身陷信用卡的高息"陷阱"。

（4）信用卡=储蓄卡

储蓄卡在我国使用的时间比较长，人们也比较熟悉它们的使用规则。而相比之下，信用卡则是这两年热起来的新兴事物。因此，很多人在使用信用卡的时候，就想当然地将储蓄卡的功能嫁接到了信用卡上。

事实上，信用卡并不等于储蓄卡。银行卡一般分为借记卡和贷记卡：借记卡，是账户里必须先存入钱然后才可消费的卡，也就是我们熟知的储蓄卡；而贷记卡则是既可以先存入钱，也可以先消费然后再把钱放入卡里的卡，这种先消费后付账的银行卡才是真正的信用卡。

如果把信用卡当作储蓄卡来存取款用，不仅信用卡里的存款没有任何利息，而对于多数信用卡，当你用来取款时，还要缴纳"溢缴款手续费"，跨行交易时费用将会更高，要是你不知道这一规定，将5万元闲钱存入信用卡，然后分次支取，结果这一存一取就得花去几百元的冤枉钱。另外，如果是透支还款，还会产生利息费用。有些女性以为透支取现也有免息期，但是事实上免息期只针对刷卡消费，如果持卡人用信用卡透支取现，不仅要支付1%—3%的取现手续费，从取现当日起还要支付每天万分之五的利息费用。因此，女性万不可将信用卡当成储蓄卡，否则将要付出高昂的代价。

4. 重视你的信用

花明天的钱办今天的事固然能让女人快捷消费，但是女人们一定要明白，如果你没有管理好信用卡，造成信用记录不良的话，你以后就很难再从银行获得贷款买车、买房、创业了。这对于你一生的财富增值计划来说是非常不利的事情。而这个不良记录需要很久才能消除，国内一般是5年，在国外一般是7年。

看到这里，也许你会说："有什么大不了，现在这个时代，银行又不止一家，大不了我去别家银行。"但事实情况却是，银行系统是所有银行共享的，每个银行的标准略有差异。一般来讲，银行认可的是两次逾期不还，就列入关注范围内。对于长期不还银行款的持卡人，会有一个类似于黑名单的控制手段。这些可能会在银行征信里面有一些体现。也就是说，如果你在银行A有信用不良的记录，那么你就会进入所有银行的黑名单，在其他任何一家银行都不可能轻易获得贷款或资金支持。

值得一提的是，据我国2009年公布的《征信管理条例》中有条款规定，个人征信记录中的负面信息在银行系统中将不再永久保留，严重的定为保留5年。当然，如果你90天以上逾期未还款，又或者与银行在法院有纠纷记录的，肯定被列为严重级别的不良用户了。不良记录会保留5年；而如果有逾期60天未还款的轻微不良记录，银行通常会记录24个月。也就是说，具有严重不良记录的，会在未来5年之内被银行列为拒绝贷款对象；而有轻微不良记录的，会在未来24个月内很难贷款成功。

当然，还有一种比严重不良记录更加严重的信用卡使用行为，那就是恶意透支。

这里的恶意透支并不是说，你因为被炒了鱿鱼，没有了经济收入而还不上银行钱的情况，而是指你明知道根据自己的经济状况无力偿还但却有意地大量透支行为。比如，你每月的收入只有几千元，但你却透支了好几万元。这种行为就是恶意透支。另外，有偿还能力却有意不归还的行为也是恶意透支的行为。即使透支，也并不一定是恶意的，也有善意透支一说。如你资金不足，但是你想进行消费，于是你利用信用卡进行了透支，但是你后来补上了透支的金额，并支付了一定的利息，这样的行为就是善意的透支。这与信用卡"先消费后付款"的特点是相一致的，是一种正常消费行为。

如果你是恶意透支，有可能就会遇到刑事方面的问题。据《信用卡刑事案件适用法律问题司法解释》第六条规定，持卡人以非法占有为目的，超过规定限额或者规定期限透支，并且经发卡银行两次催收后超过3个月仍不归还的，应当认定为《刑法》第一百九十六条规定的"恶意透支"，如果某位女性闹到了这种局面，别说房子和车，就连自在的生活也过不成了。

因此，信用报告对于女人们来说是非常重要的，在女人们的生活中具有非比寻常的地位，女人们应该给予足够的重视，保持良好的个人信用记录，不要恶意透支。

当然，有时候你也并不是有意不还，或者是因为忘记还款日期，或者是忙于工作无法及时还款，针对此情况，我建议女性朋友们可以做一个自动还款的捆绑，就是你把你的借记卡和信用卡账户进行捆绑，最好是和工资卡捆绑，那么银行就会定期地进行自动还款，这样你就完全不用担心因忘记还款而有损自己的信用了。